방정식의 기초인 어떤

KB084951

징검다리 교육연구소, 호사라 지음

바른

5·6학년을 위한

빠른 방정식

□ ÷ 0.6 = 1.5

어떤 수 구하기
10일 완성!

바빠만의 3가지 전략 수록

□ = ?

한 권으로
총정리!

• 방정식의 기초
• 어떤 수 구하기
• 어떤 수 구하기 응용

이지스에듀

지은이 **징검다리 교육연구소, 호사라**

징검다리 교육연구소는 바쁜 친구들을 위한 빠른 학습법을 연구하는 이지스에듀의 공부 연구소입니다. 아이들이 기계적으로 공부하지 않도록, 두뇌가 활성화되는 과학적 학습 설계가 적용된 책을 만듭니다.

호사라 선생님은 서울대학교 교육학과에서 학사와 석사 학위를, 버지니아 대학교(University of Virginia)에서 영재 교육학 박사 학위를 취득한 영재 교육 전문가입니다. 미국 연방영재센터에서 영재 교사 연수 프로그램과 영재 교육 프로그램을 개발한 다음 귀국 후에는 한국교육개발원에서 '창의성 교육 프로그램'을 개발했습니다. 분당에 영재사랑 교육연구소(031-717-0341)를 설립하여 유년기(6~13세) 영재들을 위한 논술, 수리, 탐구 프로그램을 직접 개발하여 수업을 진행하고 있습니다.

분당 영재사랑연구소 블로그 blog.naver.com/ilovethegifted

바빠 연산법 - 10일에 완성하는 영역별 연산 시리즈
바쁜 5·6학년을 위한 빠른 방정식

초판 발행 2023년 1월 10일
초판 4쇄 2024년 12월 13일
지은이 징검다리 교육연구소, 호사라
발행인 이지연
펴낸곳 이지스퍼블리싱(주)
출판사 등록번호 제313-2010-123호
주소 서울시 마포구 잔다리로 109 이지스빌딩 5층(우편번호 04003)
대표전화 02-325-1722   팩스 02-326-1723
이지스퍼블리싱 홈페이지 www.easyspub.com   이지스에듀 카페 www.easysedu.co.kr
바빠 아지트 블로그 bolg.naver.com/easyspub   인스타그램 @easys_edu
페이스북 www.facebook.com/easyspub2014   이메일 service@easyspub.co.kr

본부장 조은미   기획 및 책임 편집 박지연 | 김현주, 정지연, 이지혜   교정 교열 방지현   문제 검수 김해경, 조유미
표지 및 내지 디자인 손한나   그림 김학수, 이츠북스   전산편집 이츠북스   인쇄 보광문화사
영업 및 문의 이주동, 김요한(support@easyspub.co.kr)   마케팅 라혜주   독자 지원 박애림, 김수경

ISBN 979-11-6303-431-5 64410
ISBN 979-11-6303-253-3(세트)
가격 12,000원

알찬 교육 정보도 만나고 출판사 이벤트에도 참여하세요!

1. 바빠 공부단 카페
cafe.naver.com/easyispub

2. 인스타그램
@easys_edu

3. 카카오 채널
🔍 이지스에듀 검색!

• **이지스에듀**는 이지스퍼블리싱의 교육 브랜드입니다.

(이지스에듀는 아이들을 탈락시키지 않고 모두 목적지까지 데려가는 책을 만듭니다!)

"펑펑 쏟아져야 눈이 쌓이듯, 공부도 집중해야 실력이 쌓인다."

교과서 집필 교수, 영재교육 연구소, 수학 전문학원, 명강사들이 적극 추천하는 '바빠 연산법'

'바빠 연산법' 시리즈는 학생들이 수학적 개념의 이해를 통해 수학적 절차를 터득하도록 체계적으로 구성한 책입니다.

김진호 교수(초등 수학 교과서 집필진)

한 영역의 계산을 체계적으로 배치해 놓아 학생들이 '끝을 보려고 달려들기'에 좋은 구조입니다. 계산 속도와 정확성을 완벽한 경지로 올려 줄 것입니다.

김종명 원장(분당 GTG수학)

'바빠 방정식'은 많은 친구들이 시험에서 가장 많이 틀리는 '어떤 수 구하기'만 집중 훈련하는 책입니다. 방정식을 초등 수학에서 다루는 방식으로 설명하고 풀이 방법을 알려 주기 때문에 학교 시험 대비에 효과적입니다.

김정희 선생(바빠 공부단 케이수학쌤)

'어떤 수 구하기'는 중등 방정식을 풀기 위한 기초 단계입니다. 초등 수학 과정에서는 방정식의 원리를 아는 게 중요합니다. 연산에 자신 있는 모든 친구들에게 심화 문제집을 풀기 전 이 책을 꼭 푸는 것을 추천합니다.

김승태(수학자가 들려주는 수학 이야기 저자)

연산 책의 앞부분만 풀다 말았다면 많은 문제 수에 치여서 싫어한다는 뜻입니다. 쉬운 내용은 압축, 어려운 내용은 충분히 연습하도록 구성해 학습 효율을 높인 '바빠 연산법'을 적극 추천합니다.

한정우 원장(일산 잇츠수학)

단순 반복 계산이 아닌 정확한 이해를 바탕으로 스스로 생각하는 힘을 길러 주는 연산 책입니다. '바빠 연산법'은 수학의 자신감을 키워줄 뿐 아니라 심화·사고력 학습에도 도움을 줄 것입니다.

박지현 원장(대치동 현수학학원)

친절한 개념 설명과 문제 풀이 비법까지 담겨 있어 연산 실력을 단기간에 끌어올릴 수 있는 최고의 교재입니다. 수학의 기초가 부족한 고학년 학생에게 '강추'합니다.

정경이 원장(하늘교육 문래학원)

어떤 수를 구하는 미지수의 세계 '방정식'! 그 매력에 빠질 준비가 되어 있다면 방정식의 기본 개념부터 차근차근 이해하고 왜 그렇게 되는지 과정을 알 수 있는 '바빠 방정식'만의 꿀팁을 만나 보세요!

김민경 원장(동탄 더원수학)

초등 수학의 고득점을 결정하는
'어떤 수 구하기'를 탄탄하게!

'초등 방정식'만 모아 집중 훈련하니
어려운 학교 시험 문제도 술술 풀려요!

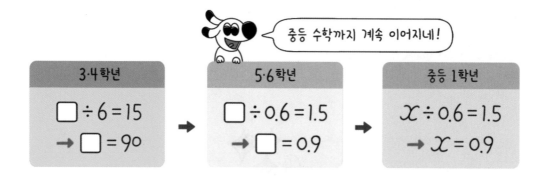

중등 수학까지 계속 이어지네!

3·4학년	5·6학년	중등 1학년
$\square \div 6 = 15$ $\rightarrow \square = 90$	$\square \div 0.6 = 1.5$ $\rightarrow \square = 0.9$	$x \div 0.6 = 1.5$ $\rightarrow x = 0.9$

**초등 방정식!
왜 중요할까?**

'어떤 수 구하기(□ 안의 값 구하기)'는 1학년부터 6학년까지 초등 전학년 수학 교과서에서 빠지지 않고 나오는 내용입니다. 또한 중등 수학의 기본이 되는 중요 영역인 일차방정식까지 이어집니다.

따라서 자기 학년에 나오는 내용을 제대로 익히지 못한 채 넘어가면 다음 학년은 물론 수의 범위가 확장되는 중등 수학에서도 큰 어려움을 느끼게 됩니다.

이 책은 5·6학년 친구들이 시험에서 가장 많이 틀리는 '어떤 수 구하기' 유형을 한 권으로 모아 집중 훈련하는 책입니다. 문제를 풀기 전 친절한 설명으로 개념을 쉽게 이해하고, 충분한 연산 훈련으로 조금씩 어려워지는 문제에 도전합니다. 또한 응용 문제와 활용 문장제까지 다뤄 학교 시험 대비까지 할 수 있으니, 딱 10일만 집중해서 시간을 투자해 보세요.

**초등 방정식!
어떻게
공부해야 할까?**

'초등 방정식'은 초등 수학에 맞는 풀이 방법으로 배우는 것이 가장 중요합니다. 너무 일찍 중학 수학 방정식의 이항 개념을 접하게 되면, 방정식의 원리를 이해하지도 못한 채 기계적으로 풀다가 계산 실수를 범하기 쉽습니다. 이는 생각 없이 문제만 풀게 만들어 새로운 유형의 문제를 해결하는 힘을 키우지 못하고 결국 수학을 포기하게 만듭니다.

문제 해결력을 키우는 '바빠 방정식'만의 3가지 전략

'바빠 5·6학년 방정식'에서는 초등 수학에 꼭 맞는 풀이 방법을 제시합니다. 먼저 방정식의 기초 개념인 '덧셈과 뺄셈의 관계'와 '곱셈과 나

방정식의 첫걸음 '어떤 수 구하기'는 원리를 아는 게 핵심이에요.

호 박사

눗셈의 관계'부터 알려 줍니다. 그리고 '입술 모양 수직선 그리기', '무당벌레 모양 그리기', '거꾸로 생각하기'의 3가지 전략을 제시하여 문제를 해결하는 힘을 길러 줍니다.

특히 '거꾸로 생각하기' 전략은 분당 영재사랑 교육연구소에서 17년째 영재 아이들을 지도하고 있는 호사라 박사님의 지도 꿀팁입니다. 계산 결과에서부터 거꾸로 생각하는 훈련은 고난도 문제를 풀 수 있는 문제 해결력과 수학 사고력도 키워 줍니다. 또한 더 나아가 중등 방정식의 기초도 다질 수 있습니다.

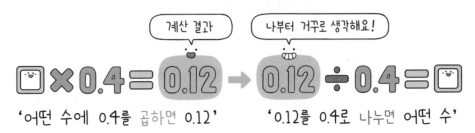

계산 결과   나부터 거꾸로 생각해요!

$$□ \times 0.4 = 0.12 \rightarrow 0.12 \div 0.4 = □$$

'어떤 수에 0.4를 곱하면 0.12'   '0.12를 0.4로 나누면 어떤 수'

탄력적 훈련으로 진짜 실력을 쌓는 효율적인 학습법!

'바빠 5·6학년 방정식'은 다른 바빠 시리즈들이 그렇듯 같은 시간을 들여도 더 효과적으로 실력을 쌓는 학습법을 제시합니다.

간단한 연습만으로 충분한 단계는 빠르게 확인하고 넘어가고, 더 많은 학습량이 필요한 단계는 충분한 훈련이 가능하도록 확대하여 구성했습니다. 또한, 하루에 2~3단계씩 10~20일 안에 풀 수 있도록 구성하여 단기간 집중적으로 학습할 수 있습니다. 집중해서 공부하면 전체 맥락을 쉽게 이해할 수 있어서 한 권을 모두 푸는 데 드는 시간도 줄어들고, 펑펑 쏟아져야 눈이 쌓이듯, 실력도 차곡차곡 쌓입니다.

'바빠 5·6학년 방정식'으로 방정식의 원리부터 이해한 뒤 학년에 맞는 전략으로 연습하고 응용·활용 문장제까지 훈련하고 나면 초등 수학 시험에서 고득점을 받게 될 것입니다.

선생님이 바로 옆에 계신 듯한 설명

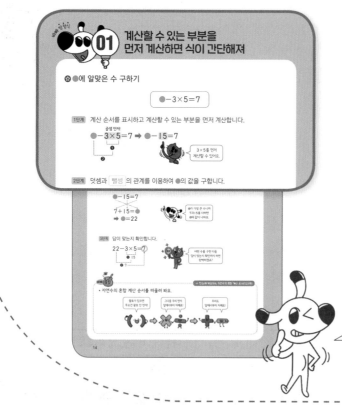

무조건 풀지 않는다!
개념을 보고 '느낌 알면서~.'

개념을 바르게 이해하지 못한 채 생각 없이 문제만 풀다 보면 어느 순간 벽에 부딪힐 수 있어요. 기초 체력을 키우려면 영양소를 골고루 섭취해야 하듯, 연산도 훈련 과정에서 개념과 원리를 함께 접해야 기초를 건강하게 다질 수 있답니다.

오호! 제목만 읽어도 개념이 쏙쏙~.

우왓! 비법을 아니 쉽네? 빠독이의 말풍선을 따라 꿀팁을 확인해 봐요.

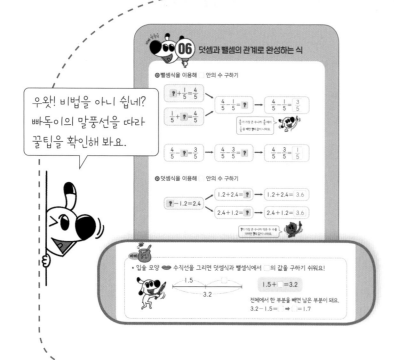

책 속의 선생님!
'바빠 꿀팁'과 빠독이의 힌트로
선생님과 함께 푼다!

문제를 풀 때 알아두면 좋은 꿀팁부터 실수를 줄여주는 꿀팁까지! '바빠 꿀팁'과 책 곳곳에서 알려 주는 빠독이의 힌트로 쉽게 이해하고 풀 수 있어요. 마치 혼자 푸는 데도 친절한 선생님이 옆에 있는 것 같은 기분이 들거예요.

종합 선물 같은 훈련 문제

실력을 쌓아 주는 바빠의 '작은 발걸음' 방식!

쉬운 내용은 빠르게 학습하고, 어려운 부분은 더 많이 훈련하도록 구성해 학습 효율을 높였어요. 또한 조금씩 수준을 높여 도전하는 바빠의 '작은 발걸음 방식(small step)'으로 몰입도를 높였어요.

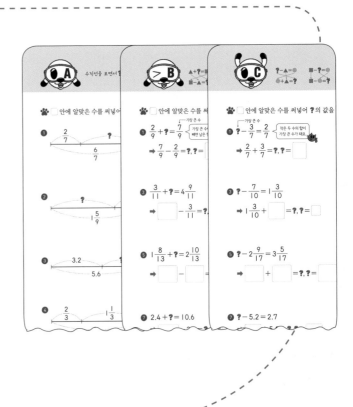

느닷없이 어려워지지 않으니 끝까지 풀 수 있어요~.

생활 속 언어로 이해하고, 게임으로 개념을 다시 확인하니 자신감이 저절로!

단순 계산력 문제만 연습하고 끝나지 않아요. 개념을 한 번 더 정리해 최종 점검할 수 있는 쉬운 문장제와 게임처럼 즐거운 연산 놀이터 문제로 완벽하게 자신의 것으로 만들면 자신감이 저절로!

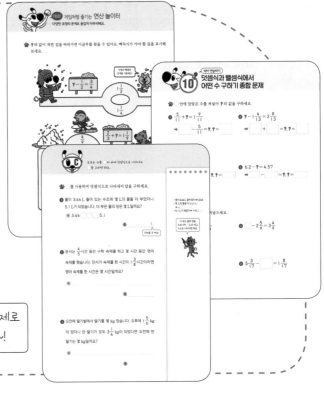

다양한 유형의 문제로 즐겁게 학습해요~!

바쁜 5·6학년을 위한 빠른 방정식

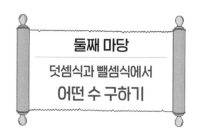
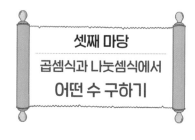
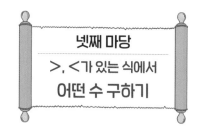

방정식의 기초 10분 진단 평가

이 책은 6학년 수학 공부를 마친 친구들이 푸는 것이 좋습니다.
공부 진도가 빠른 5학년 학생 또는
'어떤 수 구하기'가 헷갈리는 중학생에게도 권장합니다.

내 실력은 어느 정도일까?

진단할 시간이 부족할 때

10분 진단

5분 진단

짝수 문항만 풀어 보세요~.

평가 문항: **20문항**

방정식을 풀 준비가 되었는지
정확하게 확인하고 싶다면?
➜ 바로 20일 진도로 진행!

평가 문항: **10문항**

학원이나 공부방 등에서
진단 시간이 부족할 때 사용!

 시계가 준비됐나요?
자! 이제 제시된 시간 안에 진단 평가를 풀어 본 후
12쪽의 '권장 진도표'를 참고하여 공부 계획을 세워 보세요.

🐾 계산하세요.

① $35 + 7 \times 4 =$

❷ $21 - 60 \div 15 + 8 =$

③ $70 \div (5 + 9) =$

❹ $14 + (13 - 6) \times 4 =$

⑤ $2\dfrac{1}{2} + 1\dfrac{3}{8} =$

❻ $3\dfrac{5}{6} - 1\dfrac{2}{9} =$

⑦ $8 \times 2\dfrac{1}{4} =$

❽ $2\dfrac{2}{3} \times 1\dfrac{7}{8} =$

⑨ $1.2 \times 3.4 =$

❿ $2.6 \times 0.15 =$

🐾 계산하세요.

⑪ $1\frac{4}{5} \div 3 =$

⑫ $1\frac{1}{9} \div 4\frac{1}{6} =$

⑬ $13.8 \div 2.3 =$

⑭ $7.54 \div 0.58 =$

🐾 ☐ 안에 알맞은 수를 써넣으세요.

⑮ ☐ $- 2 \times 7 = 16$

⑯ $48 \div 6 +$ ☐ $= 23$

⑰ $\frac{1}{3} +$ ☐ $= \frac{1}{2}$

⑱ ☐ $- 4.8 = 3.52$

⑲ ☐ $\times 8 = \frac{4}{5}$

⑳ $23.5 \div$ ☐ $= 5$

나만의 공부 계획을 세워 보자

다 맞았어요! — 예 → 공부할 준비가 잘 되었네요!
10일 진도표로
빠르게 푸세요!

아니요

1~10번을
못 풀었어요. — 예 → '바쁜 5학년을 위한
빠른 교과서 연산'을
먼저 풀고 다시 도전!

아니요

11~16번에
틀린 문제가
있어요. — 예 → 첫째 마당부터
차근차근 풀어 봐요!
20일 진도표로
공부 계획을 세워 봐요!

아니요

17~20번에
틀린 문제가
있어요. — 예 → 단기간에 끝내는
10일 진도표로
공부 계획을 세워 봐요!

권장 진도표

★	20일 진도	10일 진도
1일	01	01~03
2일	02	04~05
3일	03	06~07
4일	04	08~09
5일	05	10~11
6일	06	12~13
7일	07	14~15
8일	08	16~17
9일	09	18~19
10일	10	20
11일	11	
12일	12	
13일	13	
14일	14	
15일	15	
16일	16	
17일	17	
18일	18	
19일	19	
20일	20	

야호!
총정리 끝!

진단 평가 정답

① 63 ② 25 ③ 5 ④ 42 ⑤ $3\frac{7}{8}$ ⑥ $2\frac{11}{18}$

⑦ 18 ⑧ 5 ⑨ 4.08 ⑩ 0.39 ⑪ $\frac{3}{5}$ ⑫ $\frac{4}{15}$

⑬ 6 ⑭ 13 ⑮ 30 ⑯ 15 ⑰ $\frac{1}{6}$ ⑱ 8.32

⑲ $\frac{1}{10}$ ⑳ 4.7

첫째 마당

자연수의 혼합 계산식에서 어떤 수 구하기

첫째 마당에서는 자연수의 혼합 계산식에서 어떤 수를 구해 볼 거예요. 혼합 계산식에서 계산 순서를 먼저 표시한 다음 어떤 수를 어떻게 구할지 전략을 함께 세워 봐요. 긴 식을 짧게 만들면 답을 구하기 쉬워질 거예요!

공부할 내용!

		완료	10일 진도	20일 진도
01	계산할 수 있는 부분을 먼저 계산하면 식이 간단해져	✔		1일차
02	먼저 계산하는 부분에 모르는 수가 있으면 한 덩어리로 묶어	☐	1일차	2일차
03	몫과 나머지를 바르게 구했는지 확인하는 계산을 이용해	☐		3일차
04	자연수의 혼합 계산식에서 어떤 수 구하기 종합 문제	☐	2일차	4일차
05	모르는 수를 ☐로 써서 자연수의 혼합 계산식을 세워	☐		5일차

01 계산할 수 있는 부분을 먼저 계산하면 식이 간단해져

☆ ●에 알맞은 수 구하기

$$●-3×5=7$$

1단계 계산 순서를 표시하고 계산할 수 있는 부분을 먼저 계산합니다.

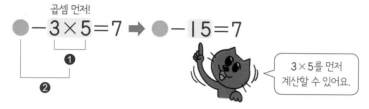

곱셈 먼저!

$$●-3×5=7 \Rightarrow ●-15=7$$

3×5를 먼저 계산할 수 있어요.

2단계 덧셈과 빨셈 의 관계를 이용하여 ●의 값을 구합니다.

$$●-15=7$$

$$7+15=●$$

$$\Rightarrow ●=22$$

●가 가장 큰 수니까 7과 15를 더하면 ●의 값이 나와요.

3단계 답이 맞는지 확인합니다.

$$22-3×5=7$$
❶ 15
❷ 7

어떤 수를 구한 다음 답이 맞는지 확인까지 하면 완벽하겠죠?

바빠 꿀팁!

☞ 한눈에 복습하는 자연수의 혼합 계산 순서(125쪽)

• 자연수의 혼합 계산 순서를 떠올려 봐요.

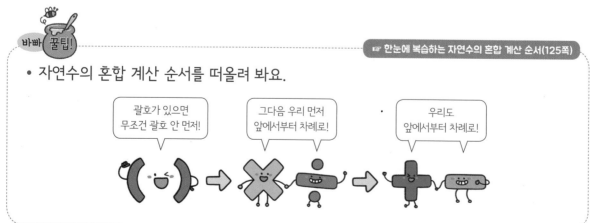

괄호가 있으면 무조건 괄호 안 먼저!

그다음 우리 먼저 앞에서부터 차례로!

우리도 앞에서부터 차례로!

 덧셈과 뺄셈의 관계, 곱셈과 나눗셈의 관계를 이용하여 ☐ 안의 수를 구해 봐요.

▲＋☐＝● ➡ ●－▲＝☐ ●－☐＝▲ ➡ ●－▲＝☐

■×☐＝★ ➡ ★÷■＝☐ ★÷☐＝■ ➡ ★÷■＝☐

🐾 ☐ 안에 알맞은 수를 써넣으세요.

나눗셈 먼저!

❶ ☐ ＋ 14 ÷ 7 ＝ 10

☐＋2＝10
10－2＝☐

계산 순서를 표시해요!

나눗셈은 덧셈보다 먼저!

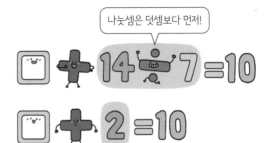

❷ ☐ － 3 × 9 ＝ 4

❸ 84 ÷ 6 － ☐ ＝ 5

❹ 42 ÷ 3 ＋ ☐ ＝ 31

❺ ☐ ＋ 4 × 8 ＝ 59

( ) 안 먼저!

❻ ☐ ÷ (7 ＋ 5) ＝ 3

☐÷12＝3
12×3＝☐

❼ ☐ × (11 － 4) ＝ 42

 내 안을 먼저 계산하면 식이 간단해져요.

❽ (9 ＋ 15) × ☐ ＝ 72

❾ (60 － 8) ÷ ☐ ＝ 4

15

🐾 ☐ 안에 알맞은 수를 써넣으세요.

곱셈, 나눗셈 먼저!

❶ ☐ $+ 3 \times 15 \div 5 = 18$

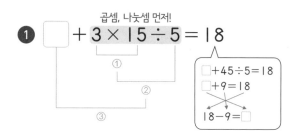

☐ $+ 45 \div 5 = 18$
☐ $+ 9 = 18$
$18 - 9 = ☐$

❷ ☐ $- 72 \div 8 \times 2 = 6$

❸ $5 \times 4 - 8 + ☐ = 21$

❹ $34 - 72 \div 9 + ☐ = 43$

❺ ☐ $- 6 \times 14 \div 12 = 25$

❻ ☐ $+ 56 \div 7 \times 4 = 60$

❼ $16 + 8 \times 3 - ☐ = 5$

❽ $60 \div 4 - 8 + ☐ = 30$

❾ ☐ $- 48 \times 2 \div 8 = 28$

❿ $20 + ☐ - 4 \times 12 = 15$

🐾 ☐ 안에 알맞은 수를 써넣으세요.

❶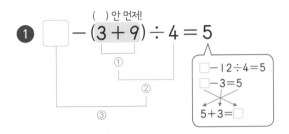

( )안 먼저!

☐ − (3 + 9) ÷ 4 = 5

① ② ③

☐ − 12 ÷ 4 = 5
☐ − 3 = 5
5 + 3 = ☐

❷ (6 + 4) × 3 − ☐ = 26

❸ ☐ + 48 ÷ (20 − 12) = 23

❹ ☐ + (15 − 6) × 2 = 30

❺ (32 + 28) ÷ 4 − ☐ = 7

❻ ☐ − 3 × (4 + 18) = 4

❼ 56 ÷ (21 − 7) + ☐ = 9

❽ (18 − 5) × 4 + ☐ = 60

❾ ☐ + 96 ÷ (8 × 3) = 19

계산할 수 있는 부분을 먼저 계산하면 식이 간단해져요.

17

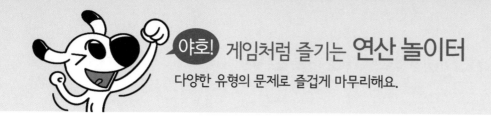

🐾 **?**의 값이 적힌 길을 따라가면 성으로 갈 수 있어요. 빠독이가 가야 할 길을 표시해 보세요.

$2 \times 3 + ? = 15$

9

21

$? \div (12 - 9) = 6$

2

18

$7 \times 4 + 5 - ? = 4$

29

37

혼합 계산 순서에 주의해요!

15

30

$? - (9 + 5) \div 2 = 8$

02 먼저 계산하는 부분에 모르는 수가 있으면 한 덩어리로 묶어

☆ ●에 알맞은 수 구하기

$$● \div 2 + 4 = 10$$

1단계 계산 순서를 표시합니다.

$$● \div 2 + 4 = 10$$

❶ ❷

2단계 ● ÷ 2를 한 덩어리로 생각하고 값을 구합니다.

$$● \div 2 + 4 = 10$$

$$10 - 4 = ● \div 2$$

➡ $● \div 2 = 6$

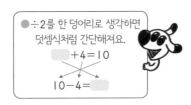

●÷2를 한 덩어리로 생각하면
덧셈식처럼 간단해져요.

☐ + 4 = 10

10 - 4 = ☐

3단계 곱셈과 │나눗셈│의 관계를 이용하여 ●의 값을 구합니다.

$$● \div 2 = 6$$

$$2 \times 6 = ●$$

➡ $● = 12$

●÷2의 값만 구하고
멈추면 안 되겠죠?
●÷2=6에서
●의 값을 구해요.

 바빠 꿀팁!

• ☐가 포함된 곱셈 또는 나눗셈 부분을 ⬭로 묶으면 쉬워져요.

$$8 - 3 \times ☐ = 2$$

☐가 포함된 곱셈 부분 3×☐를 묶어 한 덩어리로 생각해요.
$8 - \boxed{3 \times ☐} = 2$, $8 - 2 = \boxed{3 \times ☐}$ ➡ $\boxed{3 \times ☐} = 6$
$3 \times ☐ = 6$, $6 \div 3 = ☐$ ➡ $☐ = 2$

🐾 ☐ 안에 알맞은 수를 써넣으세요.

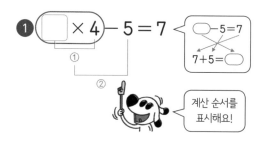

❶ ☐ × 4 − 5 = 7

① ②

◯ − 5 = 7
7 + 5 = ◯

계산 순서를 표시해요!

☐가 있는 곱셈 또는 나눗셈 부분을 한 덩어리로 묶어 보세요!

❷ 32 + 3 × ☐ = 59

❸ ☐ ÷ 3 + 6 = 11

❹ 6 × ☐ − 5 = 67

❺ 36 − 28 ÷ ☐ = 32

❻ 90 − ☐ × 4 = 26

❼ 96 ÷ ☐ − 9 = 7

❽ ☐ × 5 − 24 = 61

❾ 48 + ☐ ÷ 12 = 53

🐾 □ 안에 알맞은 수를 써넣으세요.

( ) 안을 묶어
식을 간단히 만들어요.

❶ $30 - (\boxed{} + 7) = 9$

$30 - \bigcirc = 9$
$\downarrow$
$30 - 9 = \bigcirc$

① ②

❷ $(\boxed{} - 7) \times 6 = 18$

❸ $36 \div (24 - \boxed{}) = 4$

❹ $(27 + \boxed{}) \div 15 = 3$

❺ $96 \div (\boxed{} \times 3) = 8$

❻ $(\boxed{} - 8) \times 13 = 65$

❼ $4 \times (7 + \boxed{}) = 92$

❽ $(90 - \boxed{}) \div 24 = 3$

❾ $95 \div (\boxed{} + 8) = 5$

❿ $(\boxed{} + 16) \times 3 = 87$

복잡해 보이지만 ☐가 있는 곱셈 또는 나눗셈 부분을
한 덩어리로 생각하면 식이 간단해져요.

🐾 ☐ 안에 알맞은 수를 써넣으세요.

❶ $9 - 3 + \boxed{} \div 2 = 10$

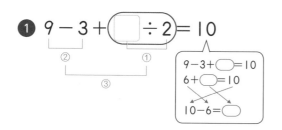

❷ $\boxed{} \times 6 - 8 \div 4 = 28$

❸ $15 \div \boxed{} + 4 \times 7 = 33$

❹ $42 + 38 - 6 \times \boxed{} = 8$

❺ $43 - 16 + \boxed{} \div 15 = 30$

❻ $48 \div 8 + \boxed{} \times 3 = 42$

❼ $14 \times 3 - 80 \div \boxed{} = 37$

❽ $90 \div 2 - 4 \times \boxed{} = 9$

❾ $61 + \boxed{} \div 24 - 24 = 41$

❿ $85 - \boxed{} \times 5 + 68 = 83$

🐾 ☐ 안에 알맞은 수를 써넣으세요.

1 $16 + 5 - (\boxed{} + 9) = 8$

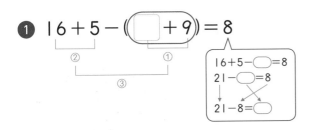

2 $8 \times 3 \div (\boxed{} - 7) = 3$

3 $36 \div 18 \times (12 - \boxed{}) = 14$

4 $25 \times 3 - (34 + \boxed{}) = 29$

5 $70 \div (2 \times \boxed{}) - 3 = 2$

6 $(23 - \boxed{}) \times 5 - 24 = 51$

7 $74 \div (\boxed{} - 4) + 88 = 90$

8 $(\boxed{} + 42) \div 23 \times 16 = 64$

9 $3 \times (6 + \boxed{}) \div 12 = 8$

☐가 있는 곱셈 또는 나눗셈 부분이나 ( ) 안을 한 덩어리로 묶어 생각하는 **'덩어리 계산법'**을 기억해요!

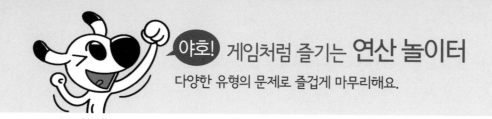

야호! 게임처럼 즐기는 **연산 놀이터**

다양한 유형의 문제로 즐겁게 마무리해요.

🐾 **?**의 값이 적힌 길을 따라가면 보물을 찾을 수 있어요. 빠독이가 가야 할 길을 표시해 보세요.

03 몫과 나머지를 바르게 구했는지 확인하는 계산을 이용해

✪ 나머지가 있는 나눗셈식에서 ●에 알맞은 수 구하기

나누는 수와 몫 의 곱에 나머지 를 더하면 나누어지는 수인 것을 이용하여 계산합니다.

• $90 \div ● = 12 \cdots 6$에서 ●에 알맞은 수 구하기

1단계 몫과 나머지를 바르게 구했는지 확인하는 식을 세웁니다.

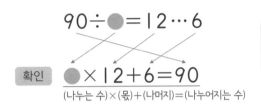

$$90 \div ● = 12 \cdots 6$$

확인 $● \times 12 + 6 = 90$

(나누는 수)×(몫)+(나머지)=(나누어지는 수)

나누는 수와 몫의 곱에 나머지를 더하면 나누어지는 수가 나와야 해요.

2단계 ●×12를 한 덩어리로 생각하고 값을 구합니다.

$$● \times 12 + 6 = 90$$

$$90 - 6 = ● \times 12$$

➡ $● \times 12 = 84$

●×12를 한 덩어리로 생각하면 덧셈식처럼 간단해져요.
□+6=90
90-6=□

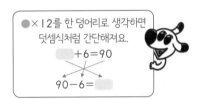

3단계 곱셈과 나눗셈의 관계를 이용하여 ●의 값을 구합니다.

$$● \times 12 = 84$$

$$84 \div 12 = ●$$

➡ $● = 7$

나머지가 있는 나눗셈식
●÷▲=■…★에서 모르는 수를 구할 땐

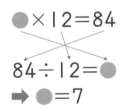

(나누는 수)×(몫)+(나머지)=(나누어지는 수)의 식을 세우는 게 핵심이에요.

🐾 ☐ 안에 알맞은 수를 써넣으세요.

❶ ☐ $\div 7 = 4 \cdots 5$ ⟨ $7 \times 4 + 5 = ☐$ ⟩

❷ ☐ $\div 6 = 8 \cdots 4$

❸ ☐ $\div 12 = 5 \cdots 9$

❹ ☐ $\div 11 = 9 \cdots 10$

❺ ☐ $\div 8 = 13 \cdots 6$

❻ ☐ $\div 24 = 4 \cdots 16$

❼ ☐ $\div 13 = 12 \cdots 8$

❽ ☐ $\div 17 = 11 \cdots 12$

❾ ☐ $\div 22 = 25 \cdots 19$

❿ ☐ $\div 35 = 21 \cdots 27$

🐾 ☐ 안에 알맞은 수를 써넣으세요.

① $43 \div 9 = 4 \cdots \boxed{}$ $9 \times 4 + \boxed{} = 43$

② $71 \div 3 = 23 \cdots \boxed{}$

③ $93 \div 12 = 7 \cdots \boxed{}$

④ $105 \div 19 = 5 \cdots \boxed{}$

⑤ $212 \div 8 = 26 \cdots \boxed{}$

⑥ $310 \div 13 = 23 \cdots \boxed{}$

⑦ $429 \div 26 = 16 \cdots \boxed{}$

⑧ $600 \div 32 = 18 \cdots \boxed{}$

⑨ $604 \div 41 = 14 \cdots \boxed{}$

⑩ $820 \div 36 = 22 \cdots \boxed{}$

(나누는 수)×(몫)+(나머지)=(나누어지는 수)에서 나누는 수 또는 몫을 모르면
□를 포함한 곱셈 부분을 한 덩어리로 생각하면 돼요.

🐾 □ 안에 알맞은 수를 써넣으세요.

❶ $35 \div \boxed{} = 3 \cdots 8$ ◁ $\boxed{\square \times 3 + 8 = 35}$

❷ $61 \div 7 = \boxed{} \cdots 5$

❸ $82 \div \boxed{} = 5 \cdots 7$

❹ $231 \div 9 = \boxed{} \cdots 6$

❺ $285 \div \boxed{} = 23 \cdots 9$

❻ $320 \div 13 = \boxed{} \cdots 8$

❼ $463 \div \boxed{} = 25 \cdots 13$

❽ $565 \div 19 = \boxed{} \cdots 14$

❾ $692 \div \boxed{} = 32 \cdots 20$

❿ $721 \div 27 = \boxed{} \cdots 19$

🐾 ☐ 안에 알맞은 수를 써넣으세요.

❶ ☐ ÷ 1 2 = 4 ⋯ 7

❷ 7 1 ÷ 3 = 2 3 ⋯ ☐

❸ 1 4 0 ÷ ☐ = 7 ⋯ 1 4

❹ 2 6 3 ÷ 8 = ☐ ⋯ 7

❺ ☐ ÷ 1 5 = 2 1 ⋯ 8

❻ 4 0 1 ÷ 1 4 = 2 8 ⋯ ☐

❼ 5 3 0 ÷ ☐ = 1 6 ⋯ 1 8

❽ 6 9 1 ÷ 3 5 = ☐ ⋯ 2 6

❾ ☐ ÷ 4 3 = 2 1 ⋯ 3 5

잘하고 있어요!
☐ 안의 수를 구한 다음
답이 맞는지 확인까지 하면
완벽하겠죠?

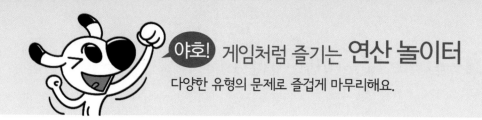

야호! 게임처럼 즐기는 **연산 놀이터**

다양한 유형의 문제로 즐겁게 마무리해요.

🐾 다음 식에서 ◆의 값에 해당하는 글자를 보기 에서 찾아 아래 표의 빈칸에 차례로 써넣으면 고사성어가 완성됩니다. 완성된 고사성어를 쓰세요.

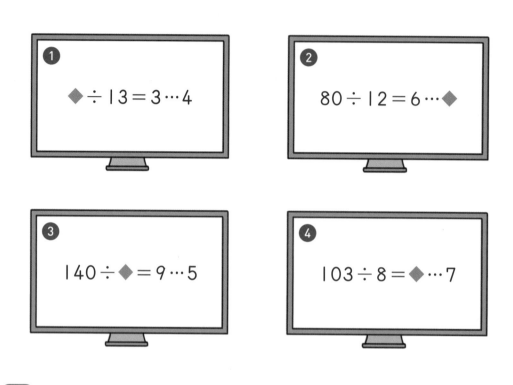

① $\blacklozenge \div 13 = 3 \cdots 4$

② $80 \div 12 = 6 \cdots \blacklozenge$

③ $140 \div \blacklozenge = 9 \cdots 5$

④ $103 \div 8 = \blacklozenge \cdots 7$

보기

12	43	10	15	32	8
산	우	차	이	가	공

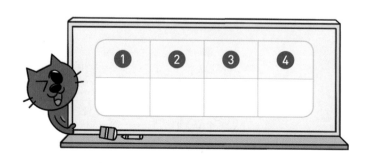

완성된 고사성어는 '우직하게 끝까지 노력하면 마침내 큰일을 이룰 수 있다'는 뜻이에요.

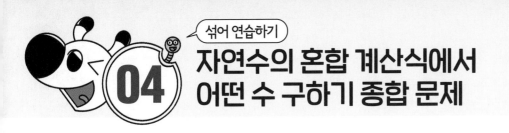

🐾 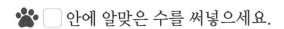 안에 알맞은 수를 써넣으세요.

❶ $\boxed{} - 6 \times 2 = 18$

❷ $(7 + 16) \times \boxed{} = 92$

❸ $48 \div 3 + \boxed{} = 34$

❹ $\boxed{} \div (31 - 18) = 4$

❺ $\boxed{} + 28 - 3 \times 15 = 2$

❻ $(3 + 13) \times 4 - \boxed{} = 55$

❼ $90 \div 6 \times 5 - \boxed{} = 18$

❽ $\boxed{} - 84 \div (3 \times 4) = 32$

❾ $34 - \boxed{} + 72 \div 4 = 27$

❿ $85 \div (51 - 34) + \boxed{} = 53$

☘️ ☐ 안에 알맞은 수를 써넣으세요.

❶ $51 - 6 \times \boxed{} = 9$

❷ $(\boxed{} - 5) \times 3 = 54$

❸ $72 \div \boxed{} + 18 = 42$

❹ $84 \div (\boxed{} \times 7) = 6$

❺ $18 \times 5 - 65 \div \boxed{} = 85$

❻ $21 \times 4 - (9 + \boxed{}) = 59$

❼ $\boxed{} \div 14 + 19 \times 2 = 45$

❽ $81 \div 27 \times (23 - \boxed{}) = 48$

❾ $92 - \boxed{} \times 7 + 56 = 64$

❿ $(\boxed{} + 23) \div 17 \times 15 = 60$

🐾 ☐ 안에 알맞은 수를 써넣으세요.

❶ $\boxed{} \div 14 = 3 \cdots 9$

❷ $70 \div 16 = 4 \cdots \boxed{}$

❸ $103 \div \boxed{} = 12 \cdots 7$

❹ $133 \div 23 = \boxed{} \cdots 18$

❺ $\boxed{} \div 9 = 24 \cdots 8$

❻ $394 \div 11 = 35 \cdots \boxed{}$

❼ $441 \div \boxed{} = 17 \cdots 16$

❽ $573 \div 42 = \boxed{} \cdots 27$

❾ $\boxed{} \div 19 = 35 \cdots 14$

❿ $867 \div 38 = 22 \cdots \boxed{}$

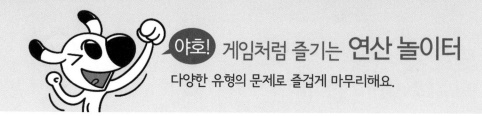

야호! 게임처럼 즐기는 **연산 놀이터**

다양한 유형의 문제로 즐겁게 마무리해요.

🐾 계산을 바르게 한 친구를 모두 찾아 ◯표 하세요.

$$□ + 3 × 2 = 24$$
$$□ + 6 = 24$$
$$24 + 6 = □$$
➡ $□ = 30$

(   )

$$34 ÷ 2 - □ = 9$$
$$17 - □ = 9$$
$$17 - 9 = □$$
➡ $□ = 8$

(   )

$$30 - (6 × □) = 12$$
$$30 + 12 = (6 × □)$$
$$6 × □ = 42$$
$$42 ÷ 6 = □$$
➡ $□ = 7$

(   )

$$(8 + □) ÷ 6 = 4$$
$$6 × 4 = (8 + □)$$
$$8 + □ = 24$$
$$24 - 8 = □$$
➡ $□ = 16$

(   )

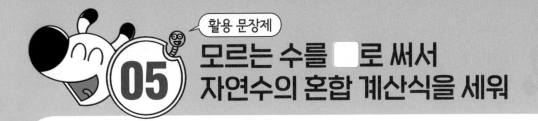
☆ 어떤 수 구하기 문장제

> 사탕이 32개 있습니다. 학생 6명에게 몇 개씩 나누어 주었더니 8개가 남았습니다. 한 명에게 준 사탕은 몇 개일까요?

1단계 문장을 /로 끊어 읽고 조건을 수와 연산 기호로 나타냅니다.

> 사탕이 32개 있습니다. / ➡ 32
>
> 학생 6명에게 몇 개씩 나누어 주었더니 / ➡ −6×□
> 　　　6×□
>
> 8개가 남았습니다. / ➡ =8
> 　　=8
>
> 한 명에게 준 사탕은 몇 개일까요?

2단계 하나의 식으로 나타냅니다.

$$32 \bigcirc\!\!-\!\!\bigcirc 6 \bigcirc \square \bigcirc 8$$

한 명에게 준 사탕 수를 모르니까 □개라 하고 식으로 나타내면 돼요.

3단계 덧셈과 뺄셈, 곱셈과 나눗셈의 관계를 이용하여 □ 안의 수를 구합니다.

$$32 - 6 \times \square = 8$$

$$32 - 8 = 6 \times \square$$

6×□를 한 덩어리로 생각해요!

$$6 \times \square = 24$$

$$24 \div 6 = \square \; ➡ \; \square = 4$$

➡ 한 명에게 준 사탕 수: □ 개

답에 단위를 쓰는 것도 잊지 마요!

어떤 수를 ▢라 하여 혼합 계산식으로 나타내고
▢를 구하면 돼요.

🐾 ▢를 사용하여 하나의 식으로 나타내어 답을 구하세요.

❶ 어떤 수에 7과 2의 곱을 더했더니 21이 되었습니다. 어떤 수는 얼마일까요?

식 ▢ ⊕ 7 ◯ 2 ◯ 21

답 _____

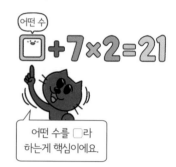

어떤 수를 ▢라
하는게 핵심이에요.

❷ 45를 3으로 나누고 어떤 수를 곱했더니 60이 되었습니다. 어떤 수는 얼마일까요?

식 _____

답 _____

❸ 8에 어떤 수를 곱하고 72를 4로 나눈 몫을 뺐더니 22가 되었습니다. 어떤 수는 얼마일까요?

식 _____

답 _____

❹ 9와 5의 곱에 어떤 수를 15로 나눈 몫을 더했더니 51이 되었습니다. 어떤 수는 얼마일까요?

식 _____

답 _____

🐾 ☐를 사용하여 하나의 식으로 나타내어 답을 구하세요.

❶ 어떤 수에 4와 8의 합을 곱했더니 72가 되었습니다. 어떤 수는 얼마일까요?

식 ☐ ◯ (4 ◯ 8) ◯ 72

답 _____

어떤 수에 곱해야 하는 부분은 '4와 8의 합'이에요. 먼저 계산하는 이 부분을 ( )로 묶어 나타내요.

❷ 20과 6의 차를 7로 나눈 몫에 어떤 수를 더했더니 11이 되었습니다. 어떤 수는 얼마일까요?

식 _____

답 _____

❸ 81을 어떤 수와 9의 곱으로 나누었더니 몫이 3이 되었습니다. 어떤 수는 얼마일까요?

식 _____

답 _____

❹ 16과 4의 곱에서 27과 어떤 수의 합을 뺐더니 21이 되었습니다. 어떤 수는 얼마일까요?

식 _____

답 _____

모르는 수를 ▢라 하여 곱셈이 섞여 있는
혼합 계산식으로 나타내고 ▢를 구하면 돼요.

🐾 ▢를 사용하여 하나의 식으로 나타내어 답을 구하세요.

❶ 한 봉지에 18개씩 들어 있는 귤을 4봉지 샀습니다. 그중에서
몇 개를 먹었더니 47개가 남았다면 먹은 귤은 몇 개일까요?

식 18 ◯ 4 ◯ ▢ ◯ 47

답 _____ 개

단위를 꼭 써요!

• 18개씩 4봉지 ➡ 18×4
• 몇 개를 먹었더니 ➡ −▢
• 47개가 남았다 ➡ =47

먹은 귤의 수를
모르니까 ▢개라 하고
식으로 나타내면 돼요.

❷ 주머니에 구슬이 45개 들어 있습니다. 주머니에서 구슬을
3개씩 몇 번 꺼냈더니 남은 구슬이 9개가 되었다면 구슬을
꺼낸 횟수는 몇 번일까요?

식 _____

답 _____

❸ 도넛을 구워 남학생 4명, 여학생 7명에게 3개씩 나누어
주었더니 17개가 남았습니다. 구운 도넛은 모두 몇 개일까요?

식 _____

답 _____

• 도넛을 받은 학생 수
➡ 4+▢ 명

도넛을 받은 학생 수는
'남학생과 여학생 수의 합'
이에요. 먼저 계산하는 이 부분을
( )로 묶어 나타내요.

모르는 수를 ▢라 하여 나눗셈이 섞여 있는
혼합 계산식으로 나타내고 ▢를 구하면 돼요.

🐾 ▢를 사용하여 하나의 식으로 나타내어 답을 구하세요.

① 배 90개를 6상자에 똑같이 나누어 담았습니다. 첫 번째
상자에 배를 몇 개 더 넣었더니 23개가 되었다면 첫 번째
상자에 더 넣은 배는 몇 개일까요?

• 배 90개를 6상자에 똑같이
  나누어 담았다 ➡ 90÷6
• 몇 개 더 넣었더니 ➡ +▢
• 23개가 되었다 ➡ =23

식 90 ◯ 6 ◯ ▢ ◯ 23

답 _____ 개

단위를 꼭 써요!

② 색종이 64장을 몇 모둠이 똑같이 나누어 가졌습니다. 그중
진우네 모둠은 색종이를 7장 썼더니 9장이 남았습니다.
색종이를 나누어 가진 모둠은 몇 모둠일까요?

'똑같이 나누어 가졌다'는 말이
있으면 나눗셈이 섞여 있는
식으로 나타내면 돼요.

식 _____

답 _____

③ 가지고 있던 붙임딱지 몇 장에 더 받아 온 붙임딱지 15장을
합하여 5명이 똑같이 나누어 가졌습니다. 한 명이 4장씩
받았다면 처음에 가지고 있던 붙임딱지는 몇 장일까요?

• 전체 붙임딱지 수

➡ ▢ + ▢ 장

식 _____

답 _____

전체 붙임딱지 수는
'가지고 있던 붙임딱지와 더
받아 온 붙임딱지 수의 합'이에요.
먼저 계산하는 이 부분을
( )로 묶어 나타내요.

바르게 계산한 값을 구하려면 식을 두 번 세워야 해요.
어떤 수를 ☐라 하고 잘못된 식을 세워 어떤 수를 구한 다음
바른 식을 세워 값을 구해요.

🐾 ☐를 사용하여 하나의 식으로 나타내어 답을 구하세요.

[문제 푸는 순서]

☐를 사용하여
잘못된 식 세우기

↓

어떤 수 구하기

↓

바르게 계산한 값 구하기

❶ 어떤 수에 36을 4로 나눈 몫을 더해야 할 것을 잘못하여 뺐더니 12가 되었습니다. 바르게 계산한 값은 얼마일까요?

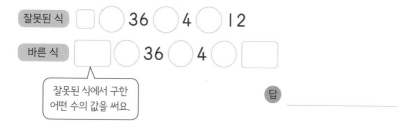

잘못된 식   ☐ ○ 36 ○ 4 ○ 12

바른 식   ☐ ○ 36 ○ 4 ○ ☐

잘못된 식에서 구한
어떤 수의 값을 써요.

답 _____

❷ 어떤 수에서 9와 7의 합을 빼야 할 것을 잘못하여 나누었더니 5가 되었습니다. 바르게 계산한 값은 얼마일까요?

잘못된 식 _____

바른 식 _____

답 _____

어떤 수만 구하고
멈추면 안 되겠죠?
바르게 계산한 값까지
구해야 해요.

❸ 24를 어떤 수에서 8을 뺀 값으로 나누어야 할 것을 잘못하여 곱했더니 96이 되었습니다. 바르게 계산한 값은 얼마일까요?

잘못된 식 _____

바른 식 _____

답 _____

첫째 마당까지
다 풀다니~
정말 멋져요!

둘째 마당

덧셈식과 뺄셈식에서 어떤 수 구하기

둘째 마당에서는 분수와 소수의 덧셈식과 뺄셈식에서 어떤 수를 구해 볼 거예요. 분수와 소수에서도 '덧셈과 뺄셈의 관계'가 통해요. 분수나 소수 대신 쉬운 자연수의 식을 떠올리거나 입술 모양 수직선을 그려 보면 이해하기 쉬워요. 받아올림과 받아내림에 주의하며 계산하고, 어떤 수를 구한 다음 답이 맞는지 꼭 확인하는 습관도 들여 보세요.

	공부할 내용!	완료	10일 진도	20일 진도
06	덧셈과 뺄셈의 관계로 완성하는 식	☐	3일차	6일차
07	분수와 소수에서도 덧셈과 뺄셈의 관계가 통해	☐		7일차
08	통분이 필요한 어떤 수 구하기 집중 연습!	☐	4일차	8일차
09	모르는 수가 2개면 알 수 있는 것부터 차례로 구해	☐		9일차
10	덧셈식과 뺄셈식에서 어떤 수 구하기 종합 문제	☐	5일차	10일차
11	모르는 수를 ☐로 써서 덧셈식 또는 뺄셈식을 세워	☐		11일차

06 덧셈과 뺄셈의 관계로 완성하는 식

☆ 뺄셈식을 이용해 ☐ 안의 수 구하기

$? + \dfrac{1}{5} = \dfrac{4}{5}$

$\dfrac{1}{5} + ? = \dfrac{4}{5}$

$\dfrac{4}{5} - \dfrac{1}{5} = ?$ → $\dfrac{4}{5} - \dfrac{1}{5} = \dfrac{3}{5}$

$\dfrac{4}{5}$가 가장 큰 수니까 $\dfrac{4}{5}$에서 $\dfrac{1}{5}$을 빼면 $?$의 값이 나와요.

$\dfrac{4}{5} - ? = \dfrac{3}{5}$ → $\dfrac{4}{5} - \dfrac{3}{5} = ?$ → $\dfrac{4}{5} - \dfrac{3}{5} = \dfrac{1}{5}$

☆ 덧셈식을 이용해 ☐ 안의 수 구하기

$? - 1.2 = 2.4$

$1.2 + 2.4 = ?$ → $1.2 + 2.4 = 3.6$

$2.4 + 1.2 = ?$ → $2.4 + 1.2 = 3.6$

$?$가 가장 큰 수니까 작은 두 수를 더하면 $?$의 값이 나와요.

바빠 꿀팁!

• 입술 모양 👄 수직선을 그리면 덧셈식과 뺄셈식에서 ☐의 값을 구하기 쉬워요!

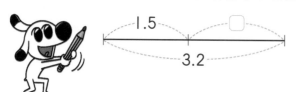

$1.5 + \boxed{} = 3.2$

전체에서 한 부분을 빼면 남은 부분이 돼요.

$3.2 - 1.5 = \boxed{}$ ➡ $\boxed{} = 1.7$

 수직선을 보면서 ❓의 값을 구해 봐요.

🐾 ☐ 안에 알맞은 수를 써넣어 ❓의 값을 구하세요.

①

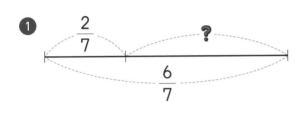

$\dfrac{2}{7} + ❓ = \dfrac{6}{7}$

➡ $\dfrac{6}{7} - \dfrac{2}{7} = ❓, ❓ = $ ☐

> 뺄셈식을 이용해
> 풀어 봐요.

②

$❓ + \dfrac{4}{9} = 1\dfrac{5}{9}$

➡ $1\dfrac{5}{9} - $ ☐ $ = ❓, ❓ = $ ☐

> 대분수로 나타내요.

③

$3.2 + ❓ = 5.6$

➡ ☐ $ - 3.2 = ❓, ❓ = $ ☐

④

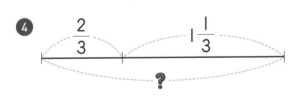

$❓ - \dfrac{2}{3} = 1\dfrac{1}{3}$

➡ $1\dfrac{1}{3} + $ ☐ $ = ❓, ❓ = $ ☐

> 약분이 되면 약분하여
> 간단히 나타내요.

> 덧셈식을 이용해
> 풀어 봐요.

⑤

$4.75 - ❓ = 2.4$

➡ $4.75 - $ ☐ $ = ❓, ❓ = $ ☐

> 다른 뺄셈식을
> 이용해요.

🐾 ☐ 안에 알맞은 수를 써넣어 ❓의 값을 구하세요.

① $\dfrac{2}{9} + ❓ = \dfrac{7}{9}$

가장 큰 수

가장 큰 수에서 한 수를 빼면 남은 한 수가 돼요.

➡ $\dfrac{7}{9} - \dfrac{2}{9} = ❓, ❓ = \boxed{}$

② $❓ + \dfrac{4}{7} = 1\dfrac{6}{7}$

➡ $1\dfrac{6}{7} - \dfrac{4}{7} = ❓, ❓ = \boxed{}$

③ $\dfrac{3}{11} + ❓ = 4\dfrac{9}{11}$

➡ $\boxed{} - \dfrac{3}{11} = ❓, ❓ = \boxed{}$

④ $❓ + \dfrac{5}{8} = 1$

➡ $1 - \boxed{} = ❓, ❓ = \boxed{}$

⑤ $1\dfrac{8}{13} + ❓ = 2\dfrac{10}{13}$

➡ $\boxed{} - \boxed{} = ❓, ❓ = \boxed{}$

⑥ $❓ + 3\dfrac{7}{15} = 5\dfrac{11}{15}$

➡ $\boxed{} - \boxed{} = ❓, ❓ = \boxed{}$

⑦ $2.4 + ❓ = 10.6$

➡ $\boxed{} - 2.4 = ❓, ❓ = \boxed{}$

⑧ $❓ + 3.5 = 8.4$

➡ $8.4 - \boxed{} = ❓, ❓ = \boxed{}$

⑨ $5.34 + ❓ = 7.59$

➡ $\boxed{} - \boxed{} = ❓, ❓ = \boxed{}$

⑩ $❓ + 2.46 = 8.62$

➡ $\boxed{} - \boxed{} = ❓, ❓ = \boxed{}$

덧셈과 뺄셈의 관계를 이용하여
?의 값을 구해 보세요.

🐾 ☐ 안에 알맞은 수를 써넣어 **?**의 값을 구하세요.

가장 큰 수

① **?** $-\dfrac{3}{7}=\dfrac{2}{7}$　　작은 두 수의 합이 가장 큰 수가 돼요.

➡ $\dfrac{2}{7}+\dfrac{3}{7}=$ **?**, **?** $=$ ☐

② $2\dfrac{9}{11}-$ **?** $=\dfrac{5}{11}$

➡ $2\dfrac{9}{11}-\dfrac{5}{11}=$ **?**, **?** $=$ ☐

③ **?** $-\dfrac{7}{10}=1\dfrac{3}{10}$

➡ $1\dfrac{3}{10}+$ ☐ $=$ **?**, **?** $=$ ☐

④ $4\dfrac{11}{15}-$ **?** $=1\dfrac{4}{15}$

➡ $4\dfrac{11}{15}-$ ☐ $=$ **?**, **?** $=$ ☐

⑤ **?** $-2\dfrac{9}{17}=3\dfrac{5}{17}$

➡ ☐ $+$ ☐ $=$ **?**, **?** $=$ ☐

⑥ $3-$ **?** $=1\dfrac{5}{12}$

➡ $3-$ ☐ $=$ **?**, **?** $=$ ☐

⑦ **?** $-5.2=2.7$

➡ ☐ $+5.2=$ **?**, **?** $=$ ☐

⑧ $6.4-$ **?** $=3.8$

➡ ☐ $-3.8=$ **?**, **?** $=$ ☐

⑨ **?** $-4.23=4.56$

➡ ☐ $+$ ☐ $=$ **?**, **?** $=$ ☐

⑩ $7.61-$ **?** $=6.25$

➡ ☐ $-$ ☐ $=$ **?**, **?** $=$ ☐

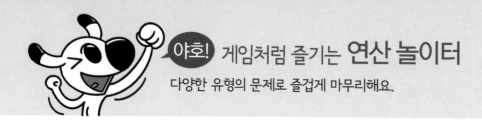

야호! 게임처럼 즐기는 **연산 놀이터**

다양한 유형의 문제로 즐겁게 마무리해요.

🐾 ◆의 값과 관계있는 것끼리 선으로 이어 보세요.

$\dfrac{1}{9} + ◆ = 1\dfrac{8}{9}$

$\dfrac{2}{7} + 1\dfrac{4}{7}$

$1\dfrac{6}{7}$

$◆ + 3.7 = 6.5$

$1\dfrac{8}{9} - \dfrac{1}{9}$

2.8

$◆ - 1\dfrac{4}{7} = \dfrac{2}{7}$

$4.5 - 1.8$

$1\dfrac{7}{9}$

$4.5 - ◆ = 1.8$

$6.5 - 3.7$

2.7

07 분수와 소수에서도 덧셈과 뺄셈의 관계가 통해

☆ ●에 알맞은 수 구하기

덧셈과 빼셈 의 관계를 이용하여 ●의 값을 구합니다.

입술 모양 👄 수직선을 그려 봐요.

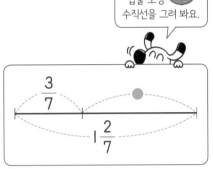

• $\frac{3}{7}+● = 1\frac{2}{7}$에서 ●의 값 구하기

$$\frac{3}{7}+● = 1\frac{2}{7}$$

$$1\frac{2}{7}-\frac{3}{7}=●, \quad \frac{9}{7}-\frac{3}{7}=● \quad ➡ \quad ●=\frac{6}{7}$$

$1\frac{2}{7}$가 가장 큰 수니까 $1\frac{2}{7}$에서 $\frac{3}{7}$을 빼면 ●의 값이 나와요.

• ●$-2.6=4.5$에서 ●의 값 구하기

$$●-2.6=4.5$$

$$4.5+2.6=● \quad ➡ \quad ●=7.1$$

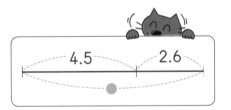

●가 가장 큰 수니까 4.5와 2.6을 더하면 ●의 값이 나와요.

 바빠 꿀팁!

• 자연수의 덧셈식과 뺄셈식에서 '어떤 수 구하기'와 푸는 방법이 같아요.

$2+\boxed{}=6 ➡ 6-2=\boxed{}, \boxed{}=4$

$\frac{2}{7}+\boxed{}=\frac{6}{7} ➡ \frac{6}{7}-\frac{2}{7}=\boxed{}, \boxed{}=\frac{4}{7}$

자연수와 비교해 보니 이해하기 쉽죠?
분수나 소수일 때도 '덧셈과 뺄셈의 관계'를 이용하면 돼요.

🐾 ☐ 안에 알맞은 수를 써넣으세요.

1 $\dfrac{1}{9} + \boxed{} = \dfrac{5}{9}$

$\dfrac{1}{9} + ☐ = \dfrac{5}{9}$

$\dfrac{5}{9} - \dfrac{1}{9} = ☐$

2 $\boxed{} + \dfrac{4}{11} = \dfrac{9}{11}$

$☐ + \dfrac{4}{11} = \dfrac{9}{11}$

$\dfrac{9}{11} - \dfrac{4}{11} = ☐$

3 $\dfrac{3}{10} + \boxed{} = 1$

4 $\boxed{} + \dfrac{4}{5} = 1\dfrac{2}{5}$

5 $1\dfrac{1}{6} + \boxed{} = 4$

6 $\boxed{} + 2\dfrac{7}{9} = 4\dfrac{2}{9}$

7 $2.7 + \boxed{} = 7.2$

소수점을 콕!
찍는 것을 잊지 마요.

8 $\boxed{} + 6.5 = 11.4$

9 $4.56 + \boxed{} = 6.93$

구하려는 나를
오른쪽으로 보내요!

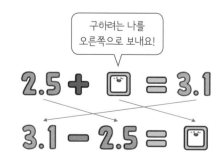

$2.5 + \boxed{} = 3.1$

$3.1 - 2.5 = \boxed{}$

빼셈식을 덧셈식 또는 다른 빼셈식으로 나타내면 ☐ 안의 수를 구할 수 있어요.
☐ 안의 수를 구하기 힘들다면 아래와 같이 쉬운 수로 생각해 봐요!
☐−1=5 ➡ 5+1=☐, ☐=6   11−☐=4 ➡ 11−4=☐, ☐=7

🐾 ☐ 안에 알맞은 수를 써넣으세요.

1 $\boxed{} - \dfrac{1}{7} = \dfrac{5}{7}$ $\boxed{\dfrac{\boxed{}-\frac{1}{7}=\frac{5}{7}}{\frac{5}{7}+\frac{1}{7}=\boxed{}}}$

2 $\dfrac{11}{15} - \boxed{} = \dfrac{4}{15}$ $\boxed{\dfrac{\frac{11}{15}-\boxed{}=\frac{4}{15}}{\frac{11}{15}-\frac{4}{15}=\boxed{}}}$

3 $\boxed{} - \dfrac{5}{9} = \dfrac{4}{9}$

4 $3 - \boxed{} = 1\dfrac{5}{8}$

5 $\boxed{} - 1\dfrac{4}{7} = \dfrac{5}{7}$

6 $5\dfrac{4}{13} - \boxed{} = 2\dfrac{12}{13}$

7 $\boxed{} - 2.8 = 1.7$

8 $10.5 - \boxed{} = 5.6$

9 $\boxed{} - 2.39 = 3.58$

10 $9.2 - \boxed{} = 2.49$

🐾 ☐ 안에 알맞은 수를 써넣으세요.

❶ $\boxed{} + \dfrac{7}{11} = \dfrac{9}{11}$

❷ $\boxed{} - \dfrac{8}{15} = \dfrac{6}{15}$

❸ $\dfrac{5}{7} + \boxed{} = 1\dfrac{4}{7}$

❹ $1 - \boxed{} = \dfrac{7}{12}$

❺ $\boxed{} + 1\dfrac{4}{5} = 3\dfrac{2}{5}$

❻ $\boxed{} - 1\dfrac{10}{13} = 3\dfrac{11}{13}$

❼ $8.4 + \boxed{} = 12$

❽ $13.1 - \boxed{} = 8.6$

❾ $\boxed{} + 5.29 = 7.72$

❿ $\boxed{} - 4.93 = 1.48$

안의 수를 구한 다음 답이 맞는지 확인하면 실수를 줄일 수 있어요.

$\dfrac{1}{5} + \boxed{} = 1 \;\Rightarrow\; 1 - \dfrac{1}{5} = \boxed{}, \; \boxed{} = \dfrac{4}{5}$　　확인　$\dfrac{1}{5} + \dfrac{4}{5} = 1$

🐾 ⬜ 안에 알맞은 수를 써넣으세요.

1　$\dfrac{4}{13} + \boxed{} = 1$

2　$\boxed{} - \dfrac{5}{7} = \dfrac{4}{7}$

3　$\boxed{} + 1\dfrac{5}{9} = 2\dfrac{1}{9}$

4　$3\dfrac{6}{11} - \boxed{} = 1\dfrac{8}{11}$

5　$2\dfrac{3}{10} + \boxed{} = 5$

6　$\boxed{} - 2\dfrac{11}{15} = 3\dfrac{8}{15}$

7　$\boxed{} + 3.51 = 6.8$

8　$9.14 - \boxed{} = 4.5$

9　$6.72 + \boxed{} = 10.3$

잘하고 있어요!
⬜ 안의 수를 구한 다음
답이 맞는지 확인까지 하면
완벽하겠죠?

51

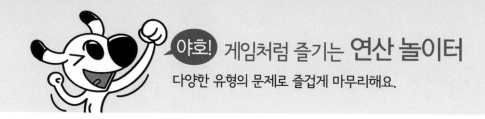

🐾 사다리 타기 놀이를 하고 있습니다. ❓에 알맞은 수를 사다리로 연결된 고양이에게 써넣으세요.

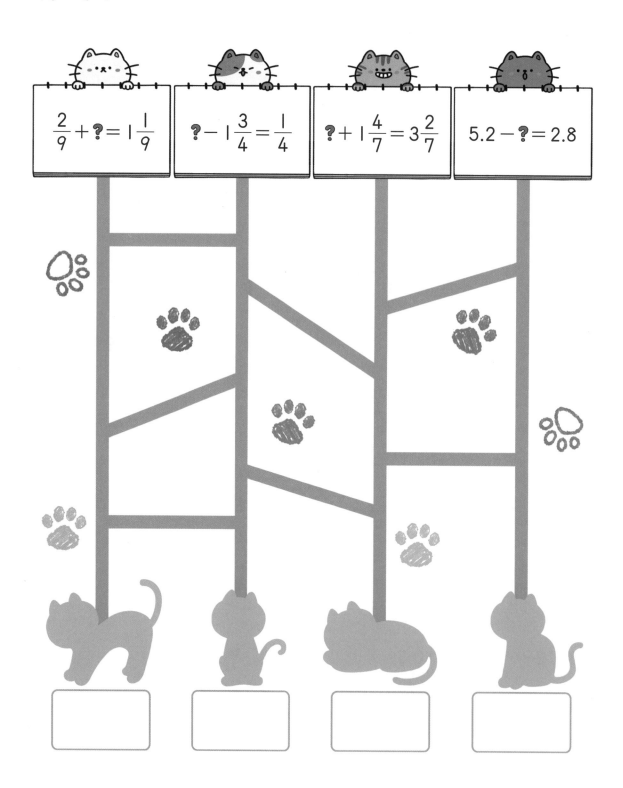

$\frac{2}{9} + ❓ = 1\frac{1}{9}$

$❓ - 1\frac{3}{4} = \frac{1}{4}$

$❓ + 1\frac{4}{7} = 3\frac{2}{7}$

$5.2 - ❓ = 2.8$

통분이 필요한 어떤 수 구하기 집중 연습!

☆ ●에 알맞은 수 구하기

• $\dfrac{1}{3} + ● = \dfrac{1}{2}$ 에서 ●의 값 구하기

$$\dfrac{1}{3} + ● = \dfrac{1}{2}$$

$$\dfrac{1}{2} - \dfrac{1}{3} = ● \;,\; \dfrac{3}{6} - \dfrac{2}{6} = ● \;\Rightarrow\; ● = \dfrac{1}{6}$$

분모의 곱: 6   분모를 통분해요.

분모를 같게 만들어야
분자끼리 뺄 수 있어요.

• $● - 1\dfrac{1}{8} = 1\dfrac{1}{4}$ 에서 ●의 값 구하기

$$● - 1\dfrac{1}{8} = 1\dfrac{1}{4}$$

$$1\dfrac{1}{4} + 1\dfrac{1}{8} = ● \;,\; 1\dfrac{2}{8} + 1\dfrac{1}{8} = ● \;\Rightarrow\; ● = 2\dfrac{3}{8}$$

최소공배수: 8   분모를 통분해요.

대분수 상태에서 통분하면
계산이 간단해지는
경우가 많아요.

바빠 꿀팁!

• 어떤 수에 더한 것은 빼고, 뺀 것은 더하는 '거꾸로 생각하기' 전략

$$□ + \dfrac{1}{3} = \dfrac{1}{2}$$
$$\Rightarrow \dfrac{1}{2} - \dfrac{1}{3} = □$$

'어떤 수에 $\dfrac{1}{3}$을 더하면 $\dfrac{1}{2}$이 된다.'를 계산 결과에서부터 거꾸로
생각하면 '$\dfrac{1}{2}$에서 $\dfrac{1}{3}$을 빼면 어떤 수가 된다.'예요.

$$□ - \dfrac{1}{4} = \dfrac{1}{5}$$
$$\Rightarrow \dfrac{1}{5} + \dfrac{1}{4} = □$$

'어떤 수에서 $\dfrac{1}{4}$을 빼면 $\dfrac{1}{5}$이 된다.'를 계산 결과에서부터 거꾸로
생각하면 '$\dfrac{1}{5}$에 $\dfrac{1}{4}$을 더하면 어떤 수가 된다.'예요.

🐾 ☐ 안에 알맞은 수를 써넣으세요.

1 $\frac{1}{4} + \boxed{} = \frac{1}{3}$ $\begin{array}{c} \frac{1}{4} + \boxed{} = \frac{1}{3} \\ \frac{1}{3} - \frac{1}{4} = \boxed{} \end{array}$

분모를 같게 만들어야 뺄 수 있어요.

2 $\boxed{} + \frac{1}{5} = \frac{1}{2}$ $\begin{array}{c} \boxed{} + \frac{1}{5} = \frac{1}{2} \\ \frac{1}{2} - \frac{1}{5} = \boxed{} \end{array}$

3 $\frac{1}{3} + \boxed{} = \frac{5}{7}$

4 $\boxed{} + \frac{6}{11} = \frac{2}{3}$

5 $\frac{5}{9} + \boxed{} = 1\frac{5}{6}$

 분모가 다를 때 최소공배수를 공통분모로 하면 수가 작아져서 계산이 편해져요.

6 $\boxed{} + 2\frac{2}{3} = 7\frac{1}{2}$

7 $3\frac{7}{15} + \boxed{} = 6\frac{2}{5}$

8 $\boxed{} + 2\frac{3}{10} = 5\frac{1}{4}$

9 $2\frac{7}{12} + \boxed{} = 4\frac{3}{8}$

🐾 ☐ 안에 알맞은 수를 써넣으세요.

1 $\boxed{} - \dfrac{1}{4} = \dfrac{1}{5}$ ⟨ $\square - \dfrac{1}{4} = \dfrac{1}{5}$

$\dfrac{1}{5} + \dfrac{1}{4} = \square$

2 $\dfrac{1}{2} - \boxed{} = \dfrac{1}{4}$ ⟨ $\dfrac{1}{2} - \square = \dfrac{1}{4}$

$\dfrac{1}{2} - \dfrac{1}{4} = \square$

3 $\boxed{} - \dfrac{3}{4} = \dfrac{1}{8}$

4 $\dfrac{2}{3} - \boxed{} = \dfrac{2}{9}$

5 $\boxed{} - 1\dfrac{7}{10} = \dfrac{1}{4}$

6 $3\dfrac{4}{9} - \boxed{} = 2\dfrac{1}{6}$

7 $\boxed{} - 1\dfrac{5}{8} = 1\dfrac{3}{5}$

8 $4\dfrac{1}{15} - \boxed{} = 2\dfrac{1}{3}$

9 $\boxed{} - 1\dfrac{5}{9} = 2\dfrac{7}{12}$

10 $3\dfrac{4}{11} - \boxed{} = 1\dfrac{13}{22}$

안의 수를 구한 다음 답이 맞는지 확인하면 실수를 줄일 수 있어요.

$\square + \dfrac{1}{4} = \dfrac{1}{3}$ ➡ $\dfrac{1}{3} - \dfrac{1}{4} = \square$, $\square = \dfrac{1}{12}$　확인　$\dfrac{1}{12} + \dfrac{1}{4} = \dfrac{1}{12} + \dfrac{3}{12} = \dfrac{4}{12} = \dfrac{1}{3}$

🐾 ☐ 안에 알맞은 수를 써넣으세요.

① $\boxed{} + \dfrac{3}{8} = 1\dfrac{1}{2}$

② $\boxed{} - \dfrac{1}{6} = 1\dfrac{2}{3}$

③ $1\dfrac{1}{4} + \boxed{} = 2\dfrac{3}{5}$

④ $3\dfrac{4}{9} - \boxed{} = 2\dfrac{1}{6}$

⑤ $\boxed{} + 1\dfrac{2}{7} = 3\dfrac{1}{2}$

⑥ $\boxed{} - 2\dfrac{1}{4} = 1\dfrac{3}{10}$

⑦ $2\dfrac{3}{8} + \boxed{} = 5\dfrac{2}{3}$

⑧ $6\dfrac{5}{6} - \boxed{} = 3\dfrac{1}{4}$

⑨ $\boxed{} + 3\dfrac{5}{9} = 6\dfrac{7}{12}$

⑩ $\boxed{} - 4\dfrac{2}{7} = 3\dfrac{4}{21}$

🐾 ☐ 안에 알맞은 수를 써넣으세요.

① $\boxed{} + \dfrac{2}{3} = 1\dfrac{2}{9}$

② $\boxed{} - \dfrac{5}{8} = \dfrac{3}{5}$

③ $1\dfrac{2}{3} + \boxed{} = 3\dfrac{1}{4}$

④ $2\dfrac{3}{7} - \boxed{} = 1\dfrac{5}{6}$

⑤ $\boxed{} + 4\dfrac{4}{5} = 5\dfrac{1}{3}$

⑥ $\boxed{} - 2\dfrac{7}{12} = 3\dfrac{8}{9}$

⑦ $2\dfrac{1}{5} + \boxed{} = 4\dfrac{1}{7}$

⑧ $5\dfrac{3}{10} - \boxed{} = 2\dfrac{11}{12}$

⑨ $\boxed{} + 1\dfrac{9}{25} = 3\dfrac{11}{50}$

여기까지 오느라 정말 수고했어요! 조금만 더 힘내요!

57

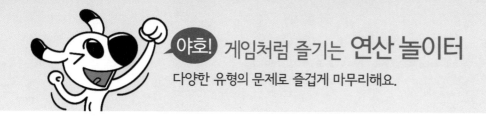

🐾 **?** 의 값이 적힌 길을 따라가면 이글루를 찾을 수 있어요. 빠독이가 가야 할 길을 표시해 보세요.

09 모르는 수가 2개면 알 수 있는 것부터 차례로 구해

☆ ●와 ▲에 알맞은 수 구하기

$$●+2.45=5.61$$
$$●-▲=1.7$$

1단계 모르는 수가 ① 개인 식 먼저 계산합니다.

$$●+2.45=5.61$$

$$5.61-2.45=●$$
➡ ●=3.16

2단계 구한 수를 이용하여 나머지 수를 구합니다.

$$●-▲=1.7$$
$$3.16-▲=1.7$$

$$3.16-1.7=▲$$
➡ ▲=1.46

●=3.16이므로
● 대신 3.16을 넣어요.

3단계 답이 맞는지 확인합니다.

$$3.16+2.45=5.61$$
$$3.16-1.46=1.7$$

어떤 수를 구한 다음
답이 맞는지 확인까지 하면
완벽하겠죠?

바빠 꿀팁!

• =(등호)를 기준으로 기호를 바꿔요.

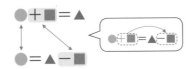

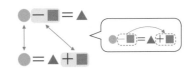

➡ =(등호)의 반대쪽으로 이동할 때, +■는 −■가 되고 −■는 +■가 돼요.

🐾 ●와 ▲에 알맞은 수를 각각 구하세요.

 모르는 수가 1개인 덧셈식을 뺄셈식으로 나타내 ●의 값을 먼저 구해 봐요.

①

$● + 3.5 = 7.2$ ⟨ $7.2 - 3.5 = ●$

$1.54 + ● = ▲$

● : _____ , ▲ : _____

②

$4.73 + ● = 6.15$

$2.9 - ● = ▲$

● : _____ , ▲ : _____

③

$\dfrac{2}{9} + ● = \dfrac{7}{9}$

$● + \dfrac{1}{3} = ▲$

● : _____ , ▲ : _____

④

$● + 1\dfrac{3}{4} = 2$

$\dfrac{4}{5} - ● = ▲$

● : _____ , ▲ : _____

⑤

$● + \dfrac{1}{3} = 1\dfrac{1}{2}$

$\dfrac{1}{4} + ● = ▲$

● : _____ , ▲ : _____

⑥

$1\dfrac{5}{8} + ● = 2\dfrac{1}{6}$

$1\dfrac{5}{6} - ● = ▲$

● : _____ , ▲ : _____

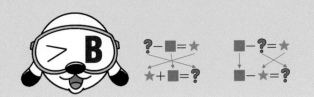

🐾 ●와 ▲에 알맞은 수를 각각 구하세요.

1

$$● - 2.6 = 3.7$$
$$10.2 - ● = ▲$$

$3.7 + 2.6 = ●$

●: _____ , ▲: _____

2

$$5.6 - ● = 1.52$$
$$● + 2.62 = ▲$$

$5.6 - 1.52 = ●$

●: _____ , ▲: _____

3

$$1\frac{1}{7} - ● = \frac{5}{7}$$
$$● - \frac{1}{14} = ▲$$

●: _____ , ▲: _____

4

$$● - \frac{1}{2} = \frac{3}{8}$$
$$\frac{1}{5} + ● = ▲$$

●: _____ , ▲: _____

5

$$● - \frac{1}{6} = 1\frac{4}{9}$$
$$4\frac{1}{3} - ● = ▲$$

●: _____ , ▲: _____

6

$$3\frac{1}{5} - ● = 1\frac{2}{3}$$
$$● + 2\frac{1}{9} = ▲$$

●: _____ , ▲: _____

모르는 수가 1개인 식부터 시작하면 돼요.

●와 ▲에 알맞은 수를 구한 다음 답이 맞는지 확인하는 습관을 길러 보세요!

🐾 ●와 ▲에 알맞은 수를 각각 구하세요.

1

$$0.28 + ● = 5.32$$
$$● + ▲ = 7.1$$

●: _____ , ▲: _____

2

$$● + 3.24 = 6.9$$
$$● - ▲ = 1.84$$

●: _____ , ▲: _____

3

$$1\frac{1}{4} - ● = \frac{1}{6}$$
$$● - ▲ = \frac{5}{18}$$

●: _____ , ▲: _____

4

$$● - \frac{7}{8} = 2\frac{3}{5}$$
$$● + ▲ = 6$$

●: _____ , ▲: _____

5

$$1\frac{5}{6} + ● = 3\frac{1}{15}$$
$$● + ▲ = 1\frac{2}{3}$$

●: _____ , ▲: _____

6

$$● + 1\frac{3}{4} = 3\frac{1}{18}$$
$$● - ▲ = \frac{4}{9}$$

●: _____ , ▲: _____

62

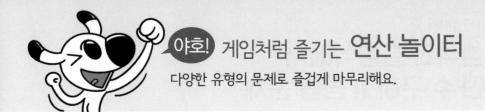

야호! 게임처럼 즐기는 **연산 놀이터**

다양한 유형의 문제로 즐겁게 마무리해요.

🐾 다음 식의 각 기호의 값에 해당하는 글자를 보기에서 찾아 아래 표의 빈칸에 차례로 써넣으면 고사성어가 완성됩니다. 완성된 고사성어를 쓰세요.

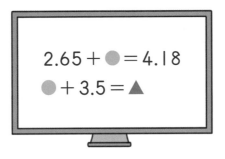

$$2.65 + ● = 4.18$$
$$● + 3.5 = ▲$$

$$2\frac{1}{5} - ■ = \frac{1}{2}$$
$$■ - ★ = \frac{1}{4}$$

보기

$1\frac{9}{20}$	4.58	1.53	$\frac{9}{20}$	$1\frac{7}{10}$	5.03
공	성	형	구	지	설

완성된 고사성어는
'어려움을 딛고 부지런히
공부하는 자세'라는 뜻이에요.

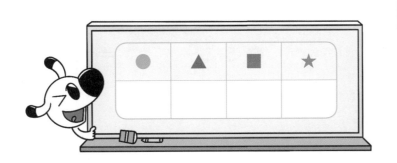

●	▲	■	★

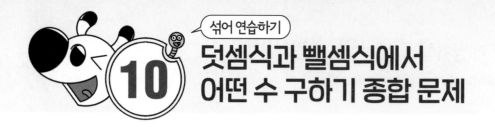
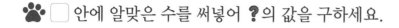

🐾 ⬜ 안에 알맞은 수를 써넣어 ❓의 값을 구하세요.

❶ $\dfrac{5}{11} + ❓ = 1\dfrac{9}{11}$

➡ $\boxed{} - \dfrac{5}{11} = ❓, ❓ = \boxed{}$

❷ $❓ - 1\dfrac{4}{13} = 2\dfrac{8}{13}$

➡ $\boxed{} + \boxed{} = ❓, ❓ = \boxed{}$

❸ $❓ + 3.54 = 8.26$

➡ $8.26 - \boxed{} = ❓, ❓ = \boxed{}$

❹ $6.2 - ❓ = 4.57$

➡ $\boxed{} - \boxed{} = ❓, ❓ = \boxed{}$

🐾 ⬜ 안에 알맞은 수를 써넣으세요.

❺ $\dfrac{4}{15} + \boxed{} = 1\dfrac{2}{15}$

❻ $\boxed{} - 2\dfrac{5}{9} = 3\dfrac{4}{9}$

❼ $\boxed{} + 1\dfrac{4}{5} = 6\dfrac{2}{5}$

❽ $5\dfrac{3}{17} - \boxed{} = 1\dfrac{8}{17}$

🐾 ☐ 안에 알맞은 수를 써넣으세요.

① $7.5 + \boxed{} = 12.3$

② $\boxed{} - 2.5 = 6.8$

③ $\boxed{} + 3.48 = 5.06$

④ $5.26 - \boxed{} = 3.17$

⑤ $\dfrac{1}{8} + \boxed{} = \dfrac{3}{4}$

⑥ $\boxed{} - \dfrac{1}{6} = \dfrac{4}{5}$

⑦ $\boxed{} + \dfrac{2}{9} = 1\dfrac{5}{6}$

⑧ $2\dfrac{7}{10} - \boxed{} = \dfrac{2}{15}$

⑨ $3\dfrac{7}{8} + \boxed{} = 5\dfrac{5}{12}$

⑩ $\boxed{} - 3\dfrac{5}{14} = 2\dfrac{4}{5}$

 ●와 ▲에 알맞은 수를 각각 구하세요.

모르는 수가 1개인 식 먼저 계산하면 돼요.

1
$$1.42 + ● = 4.18$$
$$● + ▲ = 6.35$$

●: ＿＿＿＿＿＿＿ , ▲: ＿＿＿＿＿＿＿

2
$$● + 2.65 = 7.4$$
$$● - ▲ = 3.29$$

●: ＿＿＿＿＿＿＿ , ▲: ＿＿＿＿＿＿＿

3
$$1\frac{1}{9} - ● = \frac{2}{9}$$
$$● - ▲ = \frac{5}{27}$$

●: ＿＿＿＿＿＿＿ , ▲: ＿＿＿＿＿＿＿

4
$$● - \frac{3}{4} = 3\frac{4}{5}$$
$$● + ▲ = 7\frac{3}{5}$$

●: ＿＿＿＿＿＿＿ , ▲: ＿＿＿＿＿＿＿

5
$$1\frac{1}{2} + ● = 2\frac{5}{12}$$
$$● + ▲ = 1\frac{1}{18}$$

●: ＿＿＿＿＿＿＿ , ▲: ＿＿＿＿＿＿＿

6
$$● + 1\frac{3}{8} = 3\frac{1}{6}$$
$$● - ▲ = \frac{7}{16}$$

●: ＿＿＿＿＿＿＿ , ▲: ＿＿＿＿＿＿＿

10

🐾 계산을 바르게 한 친구를 모두 찾아 ◯표 하세요.

$$\square + \frac{4}{7} = 1\frac{2}{7}$$

$$1\frac{2}{7} - \frac{4}{7} = \square$$

➡ $\square = \frac{5}{7}$

(   )

$$\square - 2.5 = 4.63$$

$$4.63 - 2.5 = \square$$

➡ $\square = 2.13$

(   )

$$1\frac{4}{5} + \square = 3\frac{1}{2}$$

$$3\frac{1}{2} + 1\frac{4}{5} = \square$$

➡ $\square = 5\frac{3}{10}$

(   )

$$2\frac{1}{6} - \square = 1\frac{3}{4}$$

$$2\frac{1}{6} - 1\frac{3}{4} = \square$$

➡ $\square = \frac{5}{12}$

(   )

11 모르는 수를 □로 써서 덧셈식 또는 뺄셈식을 세워

☆ 어떤 수 구하기 문장제

> 방울토마토가 $2\dfrac{1}{6}$ kg 있습니다. 이 중 몇 kg을 먹었더니 $\dfrac{2}{3}$ kg이 남았습니다. 먹은 방울토마토는 몇 kg일까요?

1단계 문장을 /로 끊어 읽고 조건을 수와 연산 기호로 나타냅니다.

> 방울토마토가 $2\dfrac{1}{6}$ kg 있습니다. / ➡ $2\dfrac{1}{6}$
>
> 이 중 <u>몇 kg을 먹었더니</u> / ➡ $-\Box$
> $-\Box$
>
> $\dfrac{2}{3}$ kg이 남았습니다. / ➡ $=\dfrac{2}{3}$
> $=\dfrac{2}{3}$
>
> 먹은 방울토마토는 몇 kg일까요?

2단계 하나의 식으로 나타냅니다.

$$2\dfrac{1}{6}\;\bigcirc\!\!-\;\Box\;\bigcirc\;\dfrac{2}{3}$$

먹은 방울토마토의 무게를 모르니까 □kg이라 하고 식으로 나타내면 돼요.

3단계 덧셈과 뺄셈의 관계를 이용하여 □ 안의 수를 구합니다.

$$2\dfrac{1}{6}-\Box=\dfrac{2}{3}$$

$$2\dfrac{1}{6}-\dfrac{2}{3}=\Box,\quad 2\dfrac{1}{6}-\dfrac{4}{6}=\Box,\quad 1\dfrac{7}{6}-\dfrac{4}{6}=\Box\;\Rightarrow\;\Box=1\dfrac{3}{6}=1\dfrac{1}{2}$$

➡ 먹은 방울토마토의 무게: [ ] kg

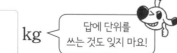
답에 단위를 쓰는 것도 잊지 마요!

🐾 ☐를 사용하여 하나의 식으로 나타내어 답을 구하세요.

❶ 어떤 수에서 4.7을 뺐더니 2.53이 되었습니다. 어떤 수는
얼마일까요?

식 ☐ ◯− 4.7 ◯ 2.53

답 _____

• 어떤 수에서 ➡ ☐
• 4.7을 뺐더니 ➡ −4.7
• 2.53이 되었다 ➡ =2.53

어떤 수
☐ − 4.7 = 2.53

어떤 수를 ☐라
하는 게 핵심이에요.

❷ $\frac{2}{5}$에 어떤 수를 더했더니 $1\frac{2}{3}$가 되었습니다. 어떤 수는 얼마
일까요?

식 _____

답 _____

❸ $4\frac{1}{8}$에서 어떤 수를 뺐더니 $1\frac{5}{12}$가 되었습니다. 어떤 수는
얼마일까요?

식 _____

답 _____

❹ 어떤 수에 $2\frac{9}{10}$를 더했더니 $5\frac{1}{4}$이 되었습니다. 어떤 수는
얼마일까요?

식 _____

답 _____

 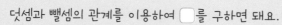
🐾 ☐를 사용하여 하나의 식으로 나타내어 답을 구하세요.

❶ 두 과일의 무게의 합이 2.53 kg이라면 파인애플의 무게는
   몇 kg일까요?

• 두 과일의 무게의 합
  ➡ ☐ + ☐ kg

식 1.67 ◯ ☐ ◯ 2.53

답 _____ kg

단위를 꼭 써요!

❷ 두 색 테이프의 길이의 차가 $\frac{3}{5}$ m라면 분홍색 테이프의
   길이는 몇 m일까요?

길이의 차를
구하는 뺄셈식으로
나타내 봐요.

식 _____

답 _____

❸ 오른쪽 직사각형의 가로와 세로의 합이
   $2\frac{1}{4}$ m라면 가로는 몇 m일까요?

가로와 세로의 합을
구하는 덧셈식으로
나타내 봐요.

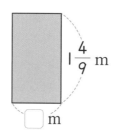

식 _____

답 _____

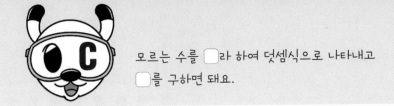

모르는 수를 ☐라 하여 덧셈식으로 나타내고
☐를 구하면 돼요.

☐를 사용하여 덧셈식으로 나타내어 답을 구하세요.

❶ 물이 3.46 L 들어 있는 수조에 몇 L의 물을 더 부었더니
5.1 L가 되었습니다. 더 부은 물의 양은 몇 L일까요?

식 3.46 ◯ ☐ ◯ 5.1

답 ＿＿＿＿＿＿＿＿ L

단위를 꼭 써요!

• 물이 3.46 L 들어 있다 ➡ 3.46
• 몇 L의 물을 더 부었더니
  ➡ +☐
• 5.1 L가 되었다 ➡ =5.1

더 부은 물의 양을
모르니까 ☐ L라 하고
식으로 나타내면 돼요.

❷ 은서는 $\frac{4}{5}$ 시간 동안 수학 숙제를 하고 몇 시간 동안 영어
숙제를 했습니다. 은서가 숙제를 한 시간이 $1\frac{3}{8}$ 시간이라면
영어 숙제를 한 시간은 몇 시간일까요?

식 ＿＿＿＿＿＿＿＿＿＿＿＿＿＿＿＿

답 ＿＿＿＿＿＿＿＿

❸ 오전에 딸기밭에서 딸기를 몇 kg 땄습니다. 오후에 $1\frac{5}{6}$ kg
더 땄더니 딴 딸기가 모두 $3\frac{1}{4}$ kg이 되었다면 오전에 딴
딸기는 몇 kg일까요?

식 ＿＿＿＿＿＿＿＿＿＿＿＿＿＿＿＿

답 ＿＿＿＿＿＿＿＿

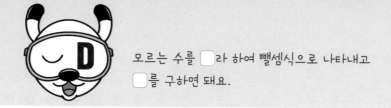

모르는 수를 ☐라 하여 뺄셈식으로 나타내고
☐를 구하면 돼요.

🐾 ☐를 사용하여 뺄셈식으로 나타내어 답을 구하세요.

1 사과를 몇 kg 샀습니다. 이웃에 $2\frac{5}{9}$ kg을 나누어 주었더니

$4\frac{8}{9}$ kg이 남았다면 산 사과는 몇 kg일까요?

식 ☐ ◯ $2\frac{5}{9}$ ◯ $4\frac{8}{9}$

답 _____

• 사과를 몇 kg 샀다 ➡ ☐
• 이웃에 $2\frac{5}{9}$ kg을 나누어 주었
  더니 ➡ $-2\frac{5}{9}$
• $4\frac{8}{9}$ kg이 남았다 ➡ $=4\frac{8}{9}$

산 사과의 무게를
모르니까 ☐ kg이라 하고
식으로 나타내면 돼요.

2 리본이 몇 m 있습니다. 선물을 포장하는 데 1.65 m를 사용
했더니 1.8 m가 남았다면 처음에 있던 리본은 몇 m일까요?

식 _____

답 _____

3 식용유가 $4\frac{3}{8}$ L 있습니다. 요리하는 데 몇 L를 사용했더니

$2\frac{5}{6}$ L가 남았다면 사용한 식용유는 몇 L일까요?

식 _____

답 _____

72

바르게 계산한 값을 구하려면 식을 두 번 세워야 해요.
어떤 수를 ☐라 하고 잘못된 식을 세워 어떤 수를 구한 다음
바른 식을 세워 값을 구해요.

🐾 ☐를 사용하여 하나의 식으로 나타내어 답을 구하세요.

[문제 푸는 순서]

☐를 사용하여
잘못된 식 세우기

↓

어떤 수 구하기

↓

바르게 계산한 값 구하기

❶ 2.39에서 어떤 수를 빼야 할 것을 잘못하여 더했더니
4.17이 되었습니다. 바르게 계산한 값은 얼마일까요?

잘못된 식 2.39 ◯ ☐ ◯ 4.17

바른 식 2.39 ◯ ⬚ ◯ ⬚

잘못된 식에서 구한
어떤 수의 값을 써요.

답 _____

어떤 수만 구하고
멈추면 안 되겠죠?
바르게 계산한 값까지
구해야 해요.

❷ 어떤 수에 $\frac{1}{3}$을 더해야 할 것을 잘못하여 뺐더니 $1\frac{1}{2}$이
되었습니다. 바르게 계산한 값은 얼마일까요?

잘못된 식 _____

바른 식 _____

답 _____

❸ $3\frac{2}{5}$에 어떤 수를 더해야 할 것을 잘못하여 뺐더니 $1\frac{3}{4}$이
되었습니다. 바르게 계산한 값은 얼마일까요?

잘못된 식 _____

바른 식 _____

답 _____

둘째 마당까지
다 풀다니~
정말 멋져요!

'등호(=)', '등식'의 뜻이 뭘까요?

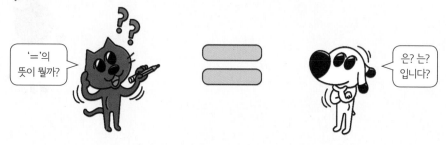

'등호(=)'는 수평인 저울처럼 '양쪽의 값이 같다'는 뜻이에요.

따라서 ☐+2.5=3.2에서 ☐+2.5의 값이 3.2와 같아지는 ☐를 구하면 돼요.

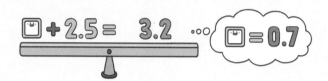

0.7+2.5=3.2처럼 =의 양쪽 값이 같은 식을 '등식'이라고 해요.

한자로 기억하면 쉬워요!
등호(等號): 같을 **등**, 이름 **호**
등식(等式): 같을 **등**, 법 **식**

셋째 마당

곱셈식과 나눗셈식에서 어떤 수 구하기

셋째 마당에서는 분수와 소수의 곱셈식과 나눗셈식에서 어떤 수를 구해 볼 거예요. '곱셈과 나눗셈의 관계'를 잘 알아도 분수와 소수의 계산 과정에서 실수가 나오는 경우가 많으니 정확하게 푸는 연습을 해 보세요. 이제 집중해서 연습해 볼까요?

	공부할 내용!	완료	10일 진도	20일 진도
12	곱셈과 나눗셈의 관계로 완성하는 식	☐	6일차	12일차
13	분수와 소수에서도 곱셈과 나눗셈의 관계가 통해	☐		13일차
14	곱셈식과 나눗셈식에서 어떤 수 구하기 집중 연습!	☐	7일차	14일차
15	모르는 수가 2개면 알 수 있는 것부터 차례로 구해	☐		15일차
16	곱셈식과 나눗셈식에서 어떤 수 구하기 종합 문제	☐	8일차	16일차
17	모르는 수를 ☐로 써서 곱셈식 또는 나눗셈식을 세워	☐		17일차

12 곱셈과 나눗셈의 관계로 완성하는 식

☆ 나눗셈식을 이용해 ☐ 안의 수 구하기

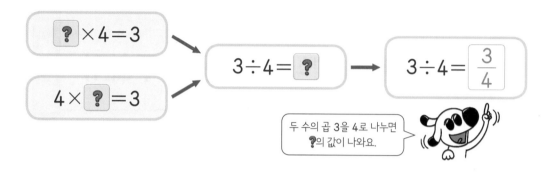

두 수의 곱 3을 4로 나누면 ❓의 값이 나와요.

☆ 곱셈식을 이용해 ☐ 안의 수 구하기

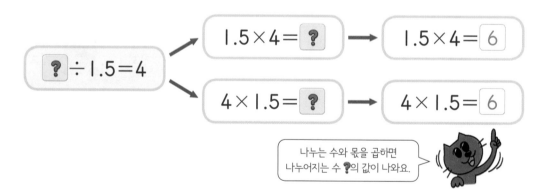

나누는 수와 몫을 곱하면 나누어지는 수 ❓의 값이 나와요.

바빠 꿀팁!

- 무당벌레 모양 🐞을 그리면 곱셈식과 나눗셈식에서 ☐의 값을 구하기 쉬워요!

❶ 아래 두 수를 곱하면 위의 수가 돼요.
☐×6=2.4 ➡ 2.4÷6=☐, ☐=0.4
❷ 위의 수를 아래의 한 수로 나누면 남은 수가 돼요.
2.4÷☐=6 ➡ 2.4÷6=☐, ☐=0.4

 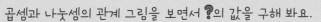

곱셈과 나눗셈의 관계 그림을 보면서 **?**의 값을 구해 봐요.

🐾 ☐ 안에 알맞은 수를 써넣어 **?**의 값을 구하세요.

1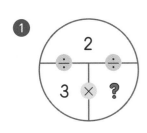

$3 \times \boxed{?} = 2$

➡ $2 \div 3 = \boxed{?}$, $? = \boxed{}$

나눗셈식을 이용해 풀어 봐요.

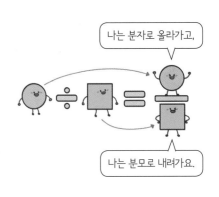

나는 분자로 올라가고,

나는 분모로 내려가요.

2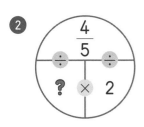

$\boxed{?} \times 2 = \dfrac{4}{5}$

➡ $\dfrac{4}{5} \div \boxed{} = \boxed{?}$, $? = \boxed{}$

기약분수로 나타내요.

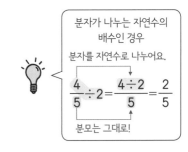

분자가 나누는 자연수의 배수인 경우

분자를 자연수로 나누어요.

$\dfrac{4}{5} \div 2 = \dfrac{4 \div 2}{5} = \dfrac{2}{5}$

분모는 그대로!

3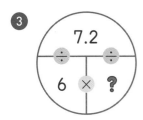

$6 \times \boxed{?} = 7.2$

➡ $\boxed{} \div 6 = \boxed{?}$, $? = \boxed{}$

4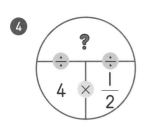

$\boxed{?} \div 4 = \dfrac{1}{2}$

➡ $4 \times \boxed{} = \boxed{?}$, $? = \boxed{}$

약분이 되면 약분하여 간단히 나타내요.

곱셈식을 이용해 풀어 봐요.

5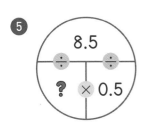

$8.5 \div \boxed{?} = 0.5$

➡ $\boxed{} \div 0.5 = \boxed{?}$, $? = \boxed{}$

다른 나눗셈식을 이용해요.

곱셈과 나눗셈의 관계를 이용하여
모르는 값을 맨 오른쪽으로 보내면 돼요.

🐾 ☐ 안에 알맞은 수를 써넣어 **?**의 값을 구하세요.

두 수의 곱

① $8 \times ? = 3$

➡ $3 \div 8 = ?,\ ? = \boxed{}$

> 두 수의 곱을 곱하는 한 수로
> 나누면 다른 수가 나와요.

② $? \times 6 = 5$

➡ $5 \div 6 = ?,\ ? = \boxed{}$

③ $3 \times ? = \dfrac{6}{7}$

➡ $\dfrac{6}{7} \div \boxed{} = ?,\ ? = \boxed{}$

④ $? \times 2 = \dfrac{8}{9}$

➡ $\dfrac{8}{9} \div \boxed{} = ?,\ ? = \boxed{}$

⑤ $7 \times ? = \dfrac{7}{10}$

➡ $\boxed{} \div \boxed{} = ?,\ ? = \boxed{}$

⑥ $? \times 5 = \dfrac{10}{11}$

➡ $\boxed{} \div \boxed{} = ?,\ ? = \boxed{}$

⑦ $6 \times ? = 9.6$

➡ $9.6 \div \boxed{} = ?,\ ? = \boxed{}$

⑧ $? \times 8 = 11.2$

➡ $11.2 \div \boxed{} = ?,\ ? = \boxed{}$

⑨ $12 \times ? = 27.6$

➡ $\boxed{} \div \boxed{} = ?,\ ? = \boxed{}$

⑩ $? \times 15 = 40.5$

➡ $\boxed{} \div \boxed{} = ?,\ ? = \boxed{}$

곱셈과 나눗셈의 관계를 이용하여
❓의 값을 구해 보세요.

🐾 ☐ 안에 알맞은 수를 써넣어 ❓의 값을 구하세요.

나누어지는 수

1 $❓ \div 2 = \dfrac{1}{3}$

➡ $2 \times \dfrac{1}{3} = ❓, ❓ = \boxed{}$

나누는 수와 몫을 곱하면
나누어지는 수가 나와요.

2 $\dfrac{4}{5} \div ❓ = 4$

➡ $\dfrac{4}{5} \div 4 = ❓, ❓ = \boxed{}$

나누어지는 수를 몫으로
나누면 나누는 수가 나와요.

3 $❓ \div \dfrac{1}{2} = 6$

➡ $\dfrac{1}{2} \times \boxed{} = ❓, ❓ = \boxed{}$

4 $\dfrac{9}{10} \div ❓ = 3$

➡ $\dfrac{9}{10} \div \boxed{} = ❓, ❓ = \boxed{}$

5 $❓ \div \dfrac{1}{4} = 2$

➡ $\boxed{} \times \boxed{} = ❓, ❓ = \boxed{}$

6 $\dfrac{14}{15} \div ❓ = 7$

➡ $\boxed{} \div \boxed{} = ❓, ❓ = \boxed{}$

7 $❓ \div 4 = 1.3$

➡ $4 \times \boxed{} = ❓, ❓ = \boxed{}$

8 $9.5 \div ❓ = 5$

➡ $9.5 \div \boxed{} = ❓, ❓ = \boxed{}$

9 $❓ \div 2.6 = 8$

➡ $\boxed{} \times \boxed{} = ❓, ❓ = \boxed{}$

10 $28.8 \div ❓ = 12$

➡ $\boxed{} \div \boxed{} = ❓, ❓ = \boxed{}$

야호! 게임처럼 즐기는 **연산 놀이터**

다양한 유형의 문제로 즐겁게 마무리해요.

🐾 ◆의 값과 관계있는 것끼리 선으로 이어 보세요.

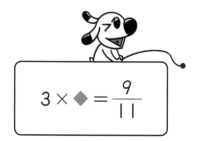

$3 \times \blacklozenge = \dfrac{9}{11}$

$9.1 \div 7$

$\dfrac{2}{3}$

$\blacklozenge \times 7 = 9.1$

$20.7 \div 9$

1.3

$\blacklozenge \div \dfrac{2}{9} = 3$

$\dfrac{9}{11} \div 3$

2.3

$20.7 \div \blacklozenge = 9$

$\dfrac{2}{9} \times 3$

$\dfrac{3}{11}$

13 분수와 소수에서도 곱셈과 나눗셈의 관계가 통해

☆ ●에 알맞은 수 구하기

곱셈과 나눗셈 의 관계를 이용하여 ●의 값을 구합니다.

- $4 \times ● = \dfrac{2}{3}$ 에서 ●의 값 구하기

$$4 \times ● = \dfrac{2}{3}$$

$$\dfrac{2}{3} \div 4 = ●, \quad \dfrac{2}{3} \times \dfrac{1}{\overset{2}{4}} = ● \Rightarrow ● = \dfrac{1}{6}$$

> 분수의 나눗셈을 분수의 곱셈으로 바꾼 다음 약분하면 계산이 훨씬 쉬워요.

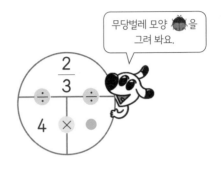

> 무당벌레 모양 🐞을 그려 봐요.

- $● \div 5 = 2.7$ 에서 ●의 값 구하기

$$● \div 5 = 2.7$$

$$5 \times 2.7 = ● \Rightarrow ● = 13.5$$

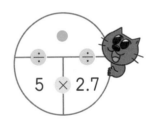

- $1\dfrac{1}{3} \div ● = 6$ 에서 ●의 값 구하기

$$1\dfrac{1}{3} \div ● = 6$$

$$1\dfrac{1}{3} \div 6 = ●, \quad \dfrac{\overset{2}{4}}{3} \times \dfrac{1}{\underset{3}{6}} = ● \Rightarrow ● = \dfrac{2}{9}$$

> 분수의 곱셈과 나눗셈을 할 때 대분수는 꼭 가분수로 바꿔야 해요.

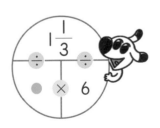

🐾 ☐ 안에 알맞은 수를 써넣으세요.

1 $2 \times \boxed{} = \dfrac{1}{3}$

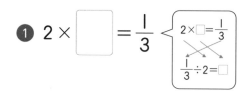

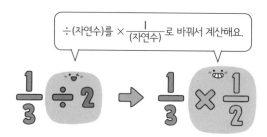

2 $\boxed{} \times 5 = \dfrac{2}{3}$

$\boxed{\square \times 5 = \dfrac{2}{3}}$
$\boxed{\dfrac{2}{3} \div 5 = \square}$

3 $4 \times \boxed{} = \dfrac{6}{11}$ $\boxed{\dfrac{6}{11} \div 4 = \square}$

4 $\boxed{} \times 3 = \dfrac{3}{5}$

5 $10 \times \boxed{} = 1\dfrac{1}{4}$

6 $\boxed{} \times 7 = 8.4$

7 $4 \times \boxed{} = 12.8$

8 $\boxed{} \times 9 = 2.34$

9 $3 \times \boxed{} = 6.54$

🐾 ☐ 안에 알맞은 수를 써넣으세요.

1 $\boxed{} \div 2 = \dfrac{3}{8}$ $\left\{\begin{array}{c} \boxed{} \div 2 = \dfrac{3}{8} \\ \\ 2 \times \dfrac{3}{8} = \boxed{} \end{array}\right.$

2 $\dfrac{6}{7} \div \boxed{} = 3$ $\left\{\begin{array}{c} \dfrac{6}{7} \div \boxed{} = 3 \\ \\ \dfrac{6}{7} \div 3 = \boxed{} \end{array}\right.$

3 $\boxed{} \div 6 = \dfrac{1}{9}$ $\left\{\, 6 \times \dfrac{1}{9} = \boxed{} \,\right\}$

4 $1\dfrac{3}{4} \div \boxed{} = 7$ $\left\{\, 1\dfrac{3}{4} \div 7 = \boxed{} \,\right\}$

5 $\boxed{} \div 8 = 1\dfrac{1}{2}$

6 $2\dfrac{2}{5} \div \boxed{} = 18$

7 $\boxed{} \div 3 = 2.8$

8 $22.5 \div \boxed{} = 5$

9 $\boxed{} \div 4 = 1.31$

10 $8.72 \div \boxed{} = 2$

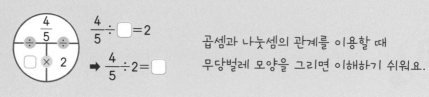

🐾 ☐ 안에 알맞은 수를 써넣으세요.

① $\boxed{} \times 4 = \dfrac{8}{9}$ ⟨ $\dfrac{8}{9} \div 4 = \square$ ⟩

② $\boxed{} \div 5 = \dfrac{3}{20}$ ⟨ $5 \times \dfrac{3}{20} = \square$ ⟩

③ $7 \times \boxed{} = 2\dfrac{5}{8}$

④ $2\dfrac{8}{9} \div \boxed{} = 13$

⑤ $\boxed{} \times 11 = 4\dfrac{2}{5}$

⑥ $\boxed{} \div 2\dfrac{1}{6} = 12$

⑦ $6 \times \boxed{} = 7.8$

⑧ $15.2 \div \boxed{} = 4$

⑨ $\boxed{} \times 3 = 4.26$

⑩ $\boxed{} \div 7 = 1.24$

🐾 □ 안에 알맞은 수를 써넣으세요.

❶ $14 \times$ ▢ $= 1\frac{1}{6}$

❷ ▢ $\div 1\frac{2}{3} = 9$

❸ ▢ $\times 6 = 3\frac{3}{5}$

❹ $2\frac{2}{9} \div$ ▢ $= 8$

❺ $10 \times$ ▢ $= 1\frac{7}{8}$

❻ ▢ $\div 1\frac{1}{9} = 12$

❼ ▢ $\times 2 = 8.74$

❽ $7.45 \div$ ▢ $= 5$

❾ $4 \times$ ▢ $= 9.52$

잘하고 있어요!
□ 안의 수를 구한 다음
답이 맞는지 확인까지 하면
완벽하겠죠?

85

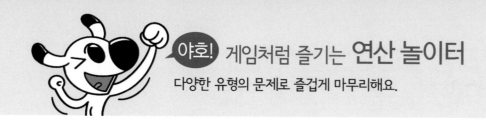

🐾 사타리 타기 놀이를 하고 있습니다. **?** 에 알맞은 수를 사다리로 연결된 강아지에게 써넣으세요.

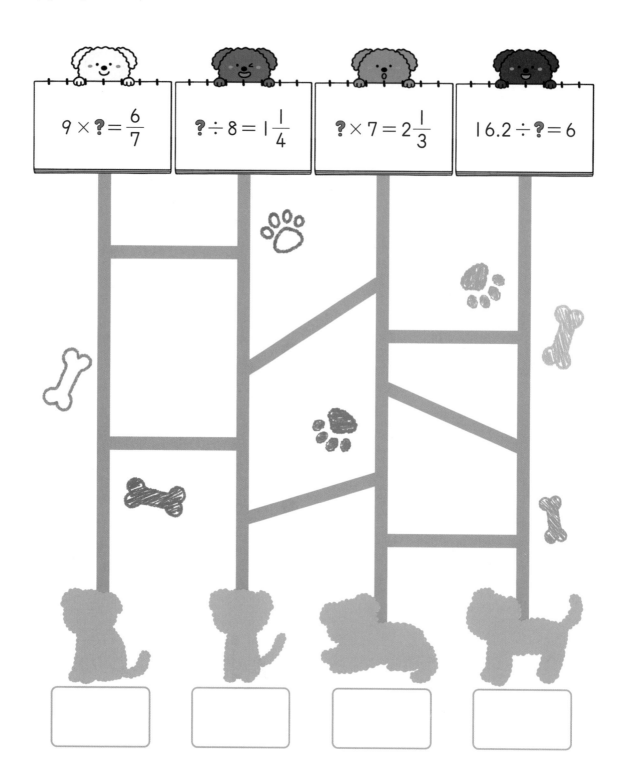

$$9 \times ? = \frac{6}{7}$$

$$? \div 8 = 1\frac{1}{4}$$

$$? \times 7 = 2\frac{1}{3}$$

$$16.2 \div ? = 6$$

곱셈식과 나눗셈식에서
어떤 수 구하기 집중 연습!

☆ ●에 알맞은 수 구하기

• $\frac{3}{4} \times ● = 1\frac{1}{2}$ 에서 ●의 값 구하기

$$\frac{3}{4} \times ● = 1\frac{1}{2}$$

$$1\frac{1}{2} \div \frac{3}{4} = ● , \quad \frac{3}{2} \times \frac{\overset{2}{\cancel{4}}}{\underset{1}{\cancel{3}}} = ● \Rightarrow ● = 2$$

대분수는 가분수로 바꾸고,
나눗셈은 곱셈으로 바꾼
다음 계산해요.

분수의 나눗셈을
분수의 곱셈으로 바꿀 땐

나누는 수를
뒤집어~.

휙!

• ●÷1.2=2.3에서 ●의 값 구하기

$$● \div 1.2 = 2.3$$

$$1.2 \times 2.3 = ● \Rightarrow ● = 2.76$$

곱하는 두 수의
소수점 아래 자리 수의 합에
맞춰 소수점을 콕!

 바빠 꿀팁!

• 어떤 수에 곱한 것은 나누고, 나눈 것은 곱하는 '거꾸로 생각하기' 전략

☐×0.4=0.12
➡ 0.12÷0.4=☐

'어떤 수에 0.4를 곱하면 0.12가 된다.'를 계산 결과에서부터
거꾸로 생각하면 '0.12를 0.4로 나누면 어떤 수가 된다.'예요.

☐÷0.6=1.5
➡ 1.5×0.6=☐

'어떤 수를 0.6으로 나누면 1.5가 된다.'를 계산 결과에서부터
거꾸로 생각하면 '1.5에 0.6을 곱하면 어떤 수가 된다.'예요.

곱셈식을 나눗셈식으로 나타내면 ☐ 안의 수를 구할 수 있어요.

▲×☐=■ ➡ ■÷▲=☐ ☐×●=★ ➡ ★÷●=☐

🐾 ☐ 안에 알맞은 수를 써넣으세요.

1 $\dfrac{2}{3} \times \boxed{} = \dfrac{1}{6}$
$\dfrac{2}{3} \times \Box = \dfrac{1}{6}$
$\dfrac{1}{6} \div \dfrac{2}{3} = \Box$

분수의 나눗셈은 곱셈으로 바꿔서 계산해요.

$\dfrac{1}{6} \div \dfrac{2}{3}$ ➡ $\dfrac{1}{6} \times \dfrac{3}{2}$

2 $\boxed{} \times \dfrac{3}{5} = \dfrac{4}{15}$
$\Box \times \dfrac{3}{5} = \dfrac{4}{15}$
$\dfrac{4}{15} \div \dfrac{3}{5} = \Box$

3 $1\dfrac{1}{2} \times \boxed{} = \dfrac{1}{4}$
$\dfrac{1}{4} \div 1\dfrac{1}{2} = \Box$

4 $\boxed{} \times 1\dfrac{1}{4} = \dfrac{5}{8}$

5 $1\dfrac{1}{7} \times \boxed{} = 1\dfrac{3}{5}$

6 $\boxed{} \times 0.7 = 6.3$

7 $3.5 \times \boxed{} = 10.5$

8 $\boxed{} \times 0.24 = 1.44$

9 $0.61 \times \boxed{} = 7.32$

🐾 ☐ 안에 알맞은 수를 써넣으세요.

1 $\boxed{} \div \dfrac{1}{4} = \dfrac{8}{9}$ ◁ $\boxed{} \div \dfrac{1}{4} = \dfrac{8}{9}$　$\dfrac{1}{4} \times \dfrac{8}{9} = \square$

2 $\dfrac{3}{5} \div \boxed{} = \dfrac{9}{10}$ ◁ $\dfrac{3}{5} \div \square = \dfrac{9}{10}$　$\dfrac{3}{5} \div \dfrac{9}{10} = \square$

3 $\boxed{} \div \dfrac{3}{7} = \dfrac{7}{12}$ ◁ $\dfrac{3}{7} \times \dfrac{7}{12} = \square$

4 $\dfrac{7}{10} \div \boxed{} = 1\dfrac{4}{5}$ ◁ $\dfrac{7}{10} \div 1\dfrac{4}{5} = \square$

5 $\boxed{} \div 1\dfrac{3}{4} = \dfrac{2}{21}$

6 $1\dfrac{5}{6} \div \boxed{} = 2\dfrac{3}{4}$

7 $\boxed{} \div 0.6 = 2.8$

8 $29.4 \div \boxed{} = 4.2$

9 $\boxed{} \div 3.5 = 0.26$

10 $9.62 \div \boxed{} = 0.74$

□ 안의 수를 구한 다음 답이 맞는지 확인하면 실수를 줄일 수 있어요.

□ $\times \dfrac{1}{2} = \dfrac{1}{3}$ ➡ $\dfrac{1}{3} \div \dfrac{1}{2} =$ □ , □ $= \dfrac{2}{3}$ 확인 $\dfrac{2}{3} \times \dfrac{1}{2} = \dfrac{1}{3}$

🐾 □ 안에 알맞은 수를 써넣으세요.

❶ □ $\times \dfrac{3}{8} = 1\dfrac{1}{2}$ ⟨ $1\dfrac{1}{2} \div \dfrac{3}{8} =$ □ ⟩

계산 결과가 가분수이면
대분수로 나타내요.

❷ □ $\div 1\dfrac{3}{7} = \dfrac{7}{8}$ ⟨ $1\dfrac{3}{7} \times \dfrac{7}{8} =$ □ ⟩

❸ $1\dfrac{5}{6} \times$ □ $= 2\dfrac{1}{5}$

❹ $1\dfrac{3}{4} \div$ □ $= 2\dfrac{1}{4}$

❺ □ $\times 5\dfrac{1}{3} = 1\dfrac{7}{9}$

❻ □ $\div 2\dfrac{1}{10} = 1\dfrac{1}{14}$

❼ $1.5 \times$ □ $= 13.5$

❽ $31.5 \div$ □ $= 0.7$

❾ □ $\times 5.4 = 7.56$

❿ □ $\div 6.5 = 0.18$

🐾 ☐ 안에 알맞은 수를 써넣으세요.

❶ $\boxed{} \times 1\dfrac{2}{3} = \dfrac{7}{9}$

❷ $\boxed{} \div \dfrac{3}{8} = 2\dfrac{2}{5}$

❸ $1\dfrac{1}{7} \times \boxed{} = 1\dfrac{1}{14}$

❹ $3\dfrac{1}{3} \div \boxed{} = 4\dfrac{1}{6}$

❺ $\boxed{} \times 2\dfrac{1}{4} = 2\dfrac{7}{10}$

❻ $\boxed{} \div 1\dfrac{7}{8} = 1\dfrac{1}{9}$

❼ $4.2 \times \boxed{} = 7.14$

❽ $8.06 \div \boxed{} = 3.1$

❾ $\boxed{} \times 2.5 = 5.75$

여기까지 오느라
정말 수고했어요!
조금만 더 힘내요!

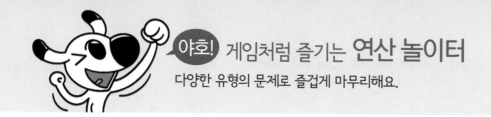

🐾 ❓의 값이 적힌 길을 따라가면 보물을 찾을 수 있어요. 빠독이가 가야 할 길을 표시해 보세요.

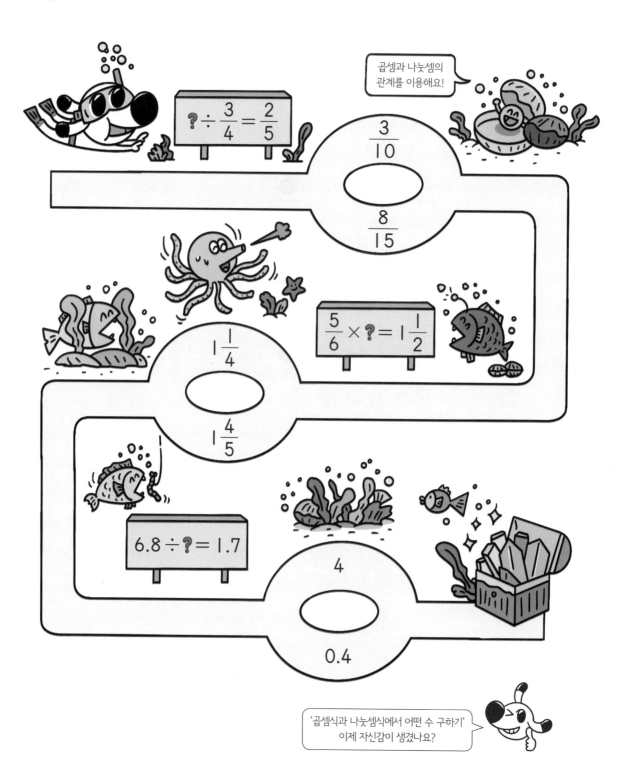

15 모르는 수가 2개면 알 수 있는 것부터 차례로 구해

☆ ●와 ▲에 알맞은 수 구하기

$$●÷1.7=3$$
$$●×▲=20.4$$

1단계 모르는 수가 ① 개인 식 먼저 계산합니다.

$$●÷1.7=3$$
$$1.7×3=●$$
➡ ●=5.1

2단계 구한 수를 이용하여 나머지 수를 구합니다.

$$●×▲=20.4$$
$$5.1×▲=20.4$$
$$20.4÷5.1=▲$$
➡ ▲=4

●=5.1이므로
● 대신 5.1을 넣어요.

3단계 답이 맞는지 확인합니다.

$$5.1÷1.7=③$$
$$5.1×4=20.4$$

어떤 수를 구한 다음
답이 맞는지 확인까지 하면
완벽하겠죠?

바빠 꿀팁!

• =(등호)를 기준으로 기호를 바꿔요.

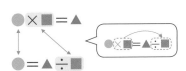

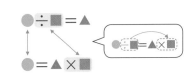

➡ =(등호)의 반대쪽으로 이동할 때, ×■는 ÷■가 되고 ÷■는 ×■가 돼요.

93

 모르는 수가 1개인 곱셈식을 나눗셈식으로 나타내 ●의 값을 먼저 구해 봐요.

🐾 ●와 ▲에 알맞은 수를 각각 구하세요.

1
$$● × 5 = 6.5$$ ⟵ 6.5÷5=●
$$0.4 × ● = ▲$$

●: _____ , ▲: _____

2
$$1.2 × ● = 8.4$$
$$17.5 ÷ ● = ▲$$

●: _____ , ▲: _____

3
$$3 × ● = \frac{6}{7}$$
$$● × \frac{1}{4} = ▲$$

●: _____ , ▲: _____

4
$$● × 6 = 1\frac{1}{3}$$
$$\frac{1}{12} ÷ ● = ▲$$

●: _____ , ▲: _____

5
$$● × 1\frac{1}{4} = \frac{5}{8}$$
$$2\frac{2}{5} × ● = ▲$$

●: _____ , ▲: _____

6
$$4\frac{1}{5} × ● = 1\frac{1}{2}$$
$$1\frac{3}{7} ÷ ● = ▲$$

●: _____ , ▲: _____

🐾 ●와 ▲에 알맞은 수를 각각 구하세요.

모르는 수가 1개인 나눗셈식을 곱셈식 또는 다른 나눗셈식으로 나타내 ●의 값을 먼저 구해 봐요.

1

$$● \div 4 = 1.7 \quad (4 \times 1.7 = ●)$$
$$20.4 \div ● = ▲$$

●: _____ , ▲: _____

2

$$19.2 \div ● = 2.4 \quad (19.2 \div 2.4 = ●)$$
$$● \times 0.53 = ▲$$

●: _____ , ▲: _____

3

$$\frac{4}{5} \div ● = 2$$
$$● \div \frac{8}{15} = ▲$$

●: _____ , ▲: _____

4

$$● \div 4 = \frac{3}{20}$$
$$1\frac{3}{7} \times ● = ▲$$

●: _____ , ▲: _____

5

$$● \div \frac{2}{9} = 1\frac{1}{2}$$
$$1\frac{1}{6} \div ● = ▲$$

●: _____ , ▲: _____

6

$$1\frac{5}{6} \div ● = 1\frac{3}{8}$$
$$● \times 3\frac{3}{4} = ▲$$

●: _____ , ▲: _____

🐾 ●와 ▲에 알맞은 수를 각각 구하세요.

1

$$3.6 \times ● = 25.2$$
$$● \times ▲ = 11.2$$

●: _____ , ▲: _____

2

$$● \times 0.6 = 3.12$$
$$● \div ▲ = 1.3$$

●: _____ , ▲: _____

3

$$1\frac{2}{3} \div ● = 2$$
$$● \div ▲ = \frac{5}{8}$$

●: _____ , ▲: _____

4

$$● \div \frac{3}{7} = 2\frac{4}{5}$$
$$● \times ▲ = \frac{4}{15}$$

●: _____ , ▲: _____

5

$$2\frac{1}{4} \times ● = 1\frac{1}{6}$$
$$● \times ▲ = 1\frac{5}{9}$$

●: _____ , ▲: _____

6

$$● \times 1\frac{5}{8} = 1\frac{3}{10}$$
$$● \div ▲ = 3\frac{1}{5}$$

●: _____ , ▲: _____

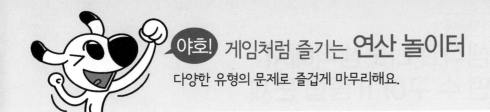

🐾 다음 식의 각 기호의 값에 해당하는 글자를 보기 에서 찾아 아래 표의 빈칸에 차례로 써넣으면 고사성어가 완성됩니다. 완성된 고사성어를 쓰세요.

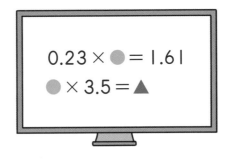

$$0.23 \times ● = 1.61$$
$$● \times 3.5 = ▲$$

$$1\frac{1}{6} \div ■ = 1\frac{3}{4}$$
$$■ \div ★ = \frac{4}{9}$$

보기

$\frac{8}{27}$	7	$1\frac{1}{2}$	$\frac{2}{3}$	2	24.5
치	새	마	지	오	옹

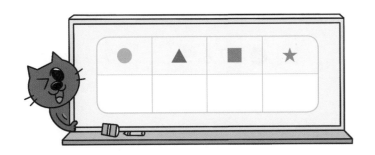

●	▲	■	★

완성된 고사성어는
'복이 불행을 부르기도 하고,
불행이 복을 부르기도 하는 것처럼
앞날은 알 수 없다'는 뜻이에요.

🐾 ☐ 안에 알맞은 수를 써넣어 ❓의 값을 구하세요.

❶ $3 \times$ ❓ $= \dfrac{9}{10}$

➡ ☐ $\div$ ☐ $=$ ❓, ❓ $=$ ☐

❷ ❓ $\div \dfrac{1}{4} = 16$

➡ ☐ $\times$ ☐ $=$ ❓, ❓ $=$ ☐

❸ ❓ $\times 7 = 9.1$

➡ ☐ $\div$ ☐ $=$ ❓, ❓ $=$ ☐

❹ $25.2 \div$ ❓ $= 6$

➡ ☐ $\div$ ☐ $=$ ❓, ❓ $=$ ☐

🐾 ☐ 안에 알맞은 수를 써넣으세요.

❺ $10 \times$ ☐ $= 1\dfrac{1}{4}$

❻ ☐ $\div 2\dfrac{1}{6} = 12$

❼ ☐ $\times 8 = 27.2$

❽ $37.8 \div$ ☐ $= 7$

🐾 ☐ 안에 알맞은 수를 써넣으세요.

1. $\dfrac{4}{5} \times \boxed{} = \dfrac{8}{15}$

2. $\boxed{} \div \dfrac{7}{9} = \dfrac{3}{14}$

3. $\boxed{} \times 1\dfrac{2}{3} = \dfrac{8}{9}$

4. $\dfrac{4}{5} \div \boxed{} = 2\dfrac{2}{5}$

5. $4\dfrac{2}{3} \times \boxed{} = 2\dfrac{5}{8}$

6. $\boxed{} \div 1\dfrac{4}{11} = 3\dfrac{3}{10}$

7. $\boxed{} \times 1.8 = 16.2$

8. $53.3 \div \boxed{} = 4.1$

9. $0.26 \times \boxed{} = 3.64$

10. $\boxed{} \div 3.5 = 1.5$

🐾 ●와 ▲에 알맞은 수를 각각 구하세요.

모르는 수가 1개인 식
먼저 계산하면 돼요.

①

$$1.3 \times ● = 7.8$$
$$25.8 \div ● = ▲$$

●: _____ , ▲: _____

②

$$21.6 \div ● = 2.7$$
$$● \times 0.34 = ▲$$

●: _____ , ▲: _____

③

$$● \times 7 = 2\frac{1}{3}$$
$$\frac{6}{7} \times ● = ▲$$

●: _____ , ▲: _____

④

$$● \div 1\frac{1}{2} = \frac{4}{9}$$
$$1\frac{1}{6} \div ● = ▲$$

●: _____ , ▲: _____

⑤

$$● \times 4\frac{2}{3} = 2\frac{5}{8}$$
$$● \div ▲ = \frac{3}{16}$$

●: _____ , ▲: _____

⑥

$$● \div \frac{3}{4} = 1\frac{1}{6}$$
$$● \times ▲ = \frac{14}{15}$$

●: _____ , ▲: _____

🐾 계산을 바르게 한 친구를 모두 찾아 ◯표 하세요.

$$\square \times 3 = 1\frac{1}{2}$$

$$3 \div 1\frac{1}{2} = \square$$

➡ $\square = 2$

(   )

$$17.5 \div \square = 2.5$$

$$17.5 \div 2.5 = \square$$

➡ $\square = 7$

(   )

$$2\frac{1}{4} \times \square = \frac{3}{8}$$

$$2\frac{1}{4} \div \frac{3}{8} = \square$$

➡ $\square = 6$

(   )

$$\square \div 1\frac{1}{6} = 1\frac{5}{7}$$

$$1\frac{1}{6} \times 1\frac{5}{7} = \square$$

➡ $\square = 2$

(   )

17 모르는 수를 ☐로 써서 곱셈식 또는 나눗셈식을 세워

☆ 어떤 수 구하기 문장제

> 준비한 쌀을 한 병에 $1\frac{1}{4}$ kg씩 똑같이 나누어 담았더니 6병에 남김없이 담겼습니다. 준비한 쌀은 몇 kg일까요?

1단계 문장을 /로 끊어 읽고 조건을 수와 연산 기호로 나타냅니다.

> 준비한 쌀을 / ➡ ☐
>
> 한 병에 $1\frac{1}{4}$ kg씩 똑같이 나누어 담았더니 / ➡ $\div 1\frac{1}{4}$
> $\div 1\frac{1}{4}$
>
> 6병에 남김없이 담겼습니다. / ➡ $=6$
> $=6$
>
> 준비한 쌀은 몇 kg일까요?

2단계 하나의 식으로 나타냅니다.

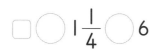

> 준비한 쌀의 무게를 모르니까 ☐ kg이라 하고 식으로 나타내면 돼요.

3단계 곱셈과 나눗셈의 관계를 이용하여 ☐ 안의 수를 구합니다.

$$\boxed{} \div 1\frac{1}{4} = 6$$

$$1\frac{1}{4} \times 6 = \boxed{}, \quad \frac{5}{\overset{}{\underset{2}{4}}} \times \overset{3}{6} = \boxed{} \;\;\blacktriangleright\;\; \boxed{} = \frac{15}{2} = 7\frac{1}{2}$$

➡ 준비한 쌀의 무게: ☐ kg

> 답에 단위를 쓰는 것도 잊지 마요!

🐾 ☐를 사용하여 하나의 식으로 나타내어 답을 구하세요.

❶ 어떤 수에 4를 곱했더니 $\frac{6}{7}$이 되었습니다. 어떤 수는 얼마일까요?

식  ☐ ⊗ 4 ◯ $\frac{6}{7}$

답 _____

• 어떤 수에 ➡ ☐
• 4를 곱했더니 ➡ ×4
• $\frac{6}{7}$이 되었다 ➡ $= \frac{6}{7}$

어떤 수를 ☐라 하는 게 핵심이에요.

❷ 22.4를 어떤 수로 나누었더니 몫이 7이 되었습니다. 어떤 수는 얼마일까요?

식 _____

답 _____

❸ 어떤 수를 $\frac{2}{9}$로 나누었더니 $1\frac{1}{2}$이 되었습니다. 어떤 수는 얼마일까요?

식 _____

답 _____

❹ 0.53에 어떤 수를 곱했더니 4.77이 되었습니다. 어떤 수는 얼마일까요?

식 _____

답 _____

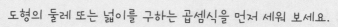

🐾 ☐를 사용하여 곱셈식으로 나타내어 답을 구하세요.

1 둘레가 $1\frac{1}{4}$ cm인 정오각형의 한 변의 길이는 몇 cm일까요?

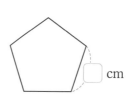

cm

식  ☐ ◯ 5 ◯ $1\frac{1}{4}$

답 ＿＿＿＿＿＿＿ cm

단위를 꼭 써요!

• 정오각형의 둘레
(한 변의 길이)×(변의 개수)
➡ ☐×☐ cm

나는 정오각형!
5개의 변의
길이가 같아요.

2 넓이가 19.2 m²인 직사각형의 세로가 3.2 m라면 가로는 몇 m일까요?

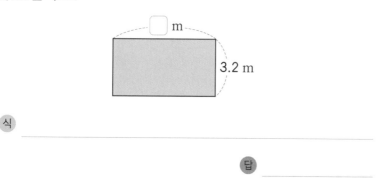

☐ m

3.2 m

식 ＿＿＿＿＿＿＿＿＿＿＿＿＿＿＿

답 ＿＿＿＿＿＿＿

• 직사각형의 넓이
(가로)×(세로)
➡  ☐×☐ m²

3 넓이가 $\frac{8}{9}$ m²인 평행사변형의 밑변의 길이가 $1\frac{1}{3}$ m라면 높이는 몇 m일까요?

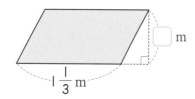

☐ m

$1\frac{1}{3}$ m

식 ＿＿＿＿＿＿＿＿＿＿＿＿＿＿＿

답 ＿＿＿＿＿＿＿

• 평행사변형의 넓이
(밑변의 길이)×(높이)
➡  ☐×☐ m²

모르는 수를 ☐라 하여 곱셈식으로 나타내고
☐를 구하면 돼요.

🐾 ☐를 사용하여 곱셈식으로 나타내어 답을 구하세요.

❶ 무게가 같은 만두 6봉지의 무게를 재어 보았더니 $4\dfrac{1}{2}$ kg
입니다. 만두 한 봉지의 무게는 몇 kg일까요?

식

답 _____ kg

단위를 꼭 써요!

• 만두 6봉지의 무게

➡

만두 한 봉지의 무게를
모르니까 ☐ kg이라 하고
식으로 나타내면 돼요.

❷ 한 병에 $1\dfrac{1}{6}$ L씩 들어 있는 주스 몇 병의 양은 $4\dfrac{2}{3}$ L입니
다. 주스는 모두 몇 병일까요?

식 _____

답 _____

❸ 윤서는 매일 공원에서 0.75 km씩 걷습니다. 윤서가 며칠
동안 걸은 거리가 모두 5.25 km라면 공원을 며칠 동안
걸은 것일까요?

식 _____

답 _____

🐾 ☐를 사용하여 나눗셈식으로 나타내어 답을 구하세요.

❶ 식혜를 만들어 한 병에 $1\frac{7}{8}$ L씩 똑같이 나누어 담았더니 4병에 남김없이 담겼습니다. 만든 식혜는 몇 L일까요?

식 ☐ ◯ $1\frac{7}{8}$ ◯ 4

답 _____

• 식혜를 만들어 ➡ ☐
• 한 병에 $1\frac{7}{8}$ L씩 똑같이 나누어 담았더니 ➡ ÷$1\frac{7}{8}$
• 4병에 남김없이 담겼다 ➡ =4

똑같이 나누었을 때 남는 것이 없다는 말은 '나눗셈이 나누어떨어진다'는 뜻이에요.

❷ 길이가 40.8 cm인 색 테이프를 일정한 길이로 잘랐더니 6도막이 되고 남은 것이 없었습니다. 자른 색 테이프 한 도막의 길이는 몇 cm일까요?

식 _____

답 _____

❸ 딸기 $6\frac{2}{3}$ kg을 몇 명의 이웃에게 똑같이 나누어 주었더니 한 명이 $\frac{5}{6}$ kg씩 받고 남은 것이 없었습니다. 딸기를 받은 이웃은 모두 몇 명일까요?

식 _____

답 _____

바르게 계산한 값을 구하려면 식을 두 번 세워야 해요.
어떤 수를 라 하고 잘못된 식을 세워 어떤 수를 구한 다음
바른 식을 세워 값을 구해요.

🐾 ◯를 사용하여 하나의 식으로 나타내어 답을 구하세요.

[문제 푸는 순서]

◯를 사용하여
잘못된 식 세우기

↓

어떤 수 구하기

↓

바르게 계산한 값 구하기

❶ 어떤 수에 5를 곱해야 할 것을 잘못하여 나누었더니 몫이
2.5가 되었습니다. 바르게 계산한 값은 얼마일까요?

잘못된 식 ☐ ◯ 5 ◯ 2.5

바른 식 ☐ ◯ 5 ◯ ☐

잘못된 식에서 구한
어떤 수의 값을 써요.

답 _____

❷ $\frac{3}{4}$을 어떤 수로 나누어야 할 것을 잘못하여 곱했더니 9가

되었습니다. 바르게 계산한 값은 얼마일까요?

잘못된 식 _____

바른 식 _____

답 _____

어떤 수만 구하고
멈추면 안 되겠죠?
바르게 계산한 값까지
구해야 해요.

❸ 어떤 수에 $2\frac{2}{3}$를 곱해야 할 것을 잘못하여 나누었더니

$\frac{1}{16}$이 되었습니다. 바르게 계산한 값은 얼마일까요?

잘못된 식 _____

바른 식 _____

답 _____

셋째 마당까지
다 풀다니~
정말 멋져요!

중등 수학에서는 '모르는 수'를 어떻게 나타낼까요?

초등 수학에서는 '모르는 수(어떤 수)'를 ◻라고 나타내죠?

중등 수학에서는 ◻ 대신에 기호 x를 사용하여 식을 세우게 돼요.

$x \times 2 = 6$과 같이 모르는 수를 x로 나타내기 때문에 낯설게 느껴질 수도 있지만 초등 수학에서 배우는 방정식과 원리가 같아요.

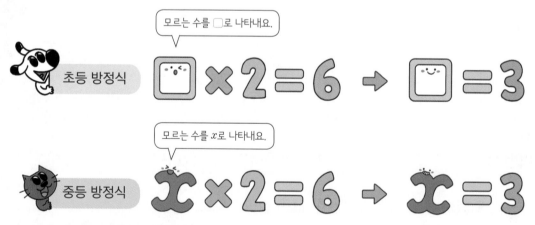

기호 x는 중학 수학에서 곧 만나게 될 거예요!

그때까지 방정식의 원리를 튼튼하게 다져 봐요.

넷째 마당

>, <가 있는 식에서 어떤 수 구하기

넷째 마당에서는 >, <(부등호)가 있는 식에서 어떤 수를 구해 볼 거예요.
이번 마당을 마치고 나면 응용력과 자신감이 생길 거예요. 잘하고 있으니
마지막까지 조금 더 힘내요!

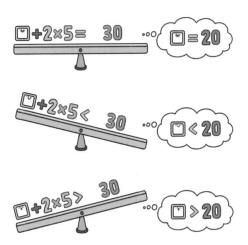

	공부할 내용!	완료	10일 진도	20일 진도
18	먼저 >, <를 =로 생각한 다음 혼합 계산식에서 어떤 수를 구해	☐		18일차
19	먼저 >, <를 =로 생각한 다음 덧셈과 뺄셈의 관계를 이용해	☐	9일차	19일차
20	먼저 >, <를 =로 생각한 다음 곱셈과 나눗셈의 관계를 이용해	☐	10일차	20일차

18 먼저 >, <를 =로 생각한 다음 혼합 계산식에서 어떤 수를 구해

☆ 42÷7+☐<20에서 ☐ 안에 들어갈 수 있는 가장 큰 자연수 구하기

1단계 < 대신 =로 바꿔서 식을 만족하는 어떤 수를 구합니다.

$$42÷7+☐=20, \ 6+☐=20, \ 20-6=☐ \Rightarrow ☐=14$$

①
②

> 계산 순서를 표시한 다음
> 계산할 수 있는 부분을 먼저 계산해요.

2단계 42÷7+☐<20에서 ☐ 안의 수와 14의 크기를 비교합니다.

> 42÷7+☐가 20보다 작아야 하므로
> ☐ 안에 들어갈 수 있는 수는 14보다 작아야 합니다.

➡ ☐ 안에 들어갈 수 있는 가장 큰 자연수: 13 ◁ 14−1

☆ 30−4×☐<18에서 ☐ 안에 들어갈 수 있는 가장 작은 자연수 구하기

1단계 < 대신 =로 바꿔서 식을 만족하는 어떤 수를 구합니다.

$$30-4×☐=18, \ 30-18=4×☐, \ 4×☐=12, \ 12÷4=☐$$

①
②

> 4×☐를 한 덩어리로
> 생각해 봐요.

➡ ☐=3

2단계 30−4×☐<18에서 ☐ 안의 수와 3의 크기를 비교합니다.

> 30−4×☐가 18보다 작아야 하므로
> ☐ 안에 들어갈 수 있는 수는 3보다 커야 합니다.

> 빼는 수가 클수록
> 값이 작아져요.

➡ ☐ 안에 들어갈 수 있는 가장 작은 자연수: ☐ ◁ 3+1

$2 \times 3 + \bullet = 10 \Rightarrow \bullet = 4$
$2 \times 3 + \bullet < 10 \Rightarrow \bullet < 4$
$2 \times 3 + \bullet > 10 \Rightarrow \bullet > 4$

$>$, $<$를 $=$로 바꾼 식을 만족하는 어떤 수를 구한 다음 어떤 수보다 큰 수 또는 작은 수를 찾으면 돼요.

🐾 ☐ 안에 들어갈 수 있는 수를 모두 찾아 ◯표 하세요.

1 $10 - 3 + ☐ < 11$

1   2   3   4   5

$10 - 3 + ☐ = 11 \quad \circ \circ \quad ☐ = 4$

$10 - 3 + ☐ < 11 \quad \circ \circ \quad ☐ < 4$

2 $24 \div 3 \times ☐ > 56$

5   6   7   8   9

3 $7 + ☐ \times 6 < 55$

6   7   8   9   10

4 $☐ - 70 \div 14 > 18$

21 22 23 24 25

5 $5 \times ☐ + 9 < 64$

8   9   10   11   12

6 $80 - 9 \times ☐ > 17$

4   5   6   7   8

$9 \times ☐$ 앞에 뺄셈 기호가 있으니까 ☐ 안의 수가 작을수록 $80 - 9 \times ☐$의 값이 커져요.

●보다 작은 수 중에서 가장 큰 자연수는 ●보다 1만큼 작은 수예요.

3보다 작은 수 중에서 가장 큰 자연수 ➡ 3－1＝2

🐾 ☐ 안에 들어갈 수 있는 가장 큰 자연수를 구하세요.

1 $14 - 5 + \boxed{} < 12$

➡ _____

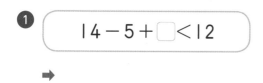
먼저 ＞, ＜를 ＝로 바꿔 생각하는 게 핵심이에요.

2 $30 \div 15 \times \boxed{} < 28$

➡ _____

3 $26 + 14 - \boxed{} > 27$

➡ _____

빼는 수가 작을수록 값이 커져요.

4 $18 + \boxed{} \times 3 < 72$

➡ _____

5 $\boxed{} + 80 \div 16 < 31$

➡ _____

6 $39 + 34 - \boxed{} > 58$

➡ _____

7 $70 - \boxed{} \times 8 > 14$

➡ _____

🐾 ☐ 안에 들어갈 수 있는 가장 작은 자연수를 구하세요.

① $25 - 8 + \square > 23$

➡ _____

② $\square + 14 \times 3 > 50$

➡ _____

③ $60 \div 12 \times \square > 25$

➡ _____

④ $9 \times 3 - \square < 18$

빼는 수가 클수록
값이 작아져요.

➡ _____

⑤ $\square + 52 \div 4 > 21$

➡ _____

⑥ $27 + 36 - \square < 29$

➡ _____

⑦ $18 + 3 \times \square > 57$

➡ _____

⑧ $90 - \square \times 4 < 26$

➡ _____

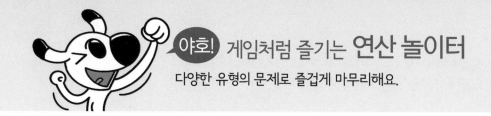

🐾 ☐ 안에 들어갈 수 있는 수가 적힌 풍선을 모두 찾아 ×표 하세요.

☆ $\dfrac{\square}{8} + \dfrac{1}{4} < \dfrac{7}{8}$ 에서 ☐ 안에 들어갈 수 있는 가장 큰 자연수 구하기

1단계 < 대신 =로 바꿔서 식을 만족하는 어떤 수를 구합니다.

$$\dfrac{\square}{8} + \dfrac{1}{4} = \dfrac{7}{8}, \quad \dfrac{7}{8} - \dfrac{1}{4} = \dfrac{\square}{8}, \quad \dfrac{7}{8} - \dfrac{2}{8} = \dfrac{\square}{8}, \quad \dfrac{\square}{8} = \dfrac{5}{8} \;\Rightarrow\; \square = 5$$

최소공배수: 8 　　　　　 분모를 통분해요.

2단계 $\dfrac{\square}{8} + \dfrac{1}{4} < \dfrac{7}{8}$ 에서 ☐ 안의 수와 **5**의 크기를 비교합니다.

> $\dfrac{\square}{8} + \dfrac{1}{4}$ 이 $\dfrac{7}{8}$ 보다 작아야 하므로
>
> ☐ 안에 들어갈 수 있는 수는 5보다 작아야 합니다.

➡ ☐ 안에 들어갈 수 있는 가장 큰 자연수: **4** ⟨ 5-1

☆ $6.52 - \square < 3.37$ 에서 ☐ 안에 들어갈 수 있는 가장 작은 자연수 구하기

1단계 < 대신 =로 바꿔서 식을 만족하는 어떤 수를 구합니다.

$$6.52 - \square = 3.37, \quad 6.52 - 3.37 = \square \;\Rightarrow\; \square = 3.15$$

2단계 $6.52 - \square < 3.37$ 에서 ☐ 안의 수와 **3.15**의 크기를 비교합니다.

> $6.52 - \square$ 가 3.37보다 작아야 하므로
>
> ☐ 안에 들어갈 수 있는 수는 3.15보다 커야 합니다.

빼는 수가 클수록
값이 작아져요.

➡ ☐ 안에 들어갈 수 있는 가장 작은 자연수: ☐

🐾 ☐ 안에 들어갈 수 있는 수를 모두 찾아 ◯표 하세요.

1 $\dfrac{\square}{9} + \dfrac{1}{3} < \dfrac{8}{9}$

$\dfrac{\square}{9} + \dfrac{1}{3} = \dfrac{8}{9}$이라 하고
식을 만족하는 수를
먼저 구해 봐요.

1 2 3 4 5 6 7 8 9

2 $\dfrac{\square}{12} - \dfrac{1}{2} > \dfrac{1}{12}$

1 2 3 4 5 6 7 8 9

3 $\dfrac{3}{5} + \dfrac{\square}{15} > \dfrac{14}{15}$

1 2 3 4 5 6 7 8 9

4 $29.5 - \square > 25.6$

☐ 앞에 뺄셈 기호가 있으니까
☐ 안의 수가 작을수록
$29.5 - \square$의 값이 커져요.

1 2 3 4 5 6 7 8 9

가 있는 분수를 한 덩어리라고 생각하고
덧셈과 뺄셈의 관계를 이용하면 □의 값을 구할 수 있어요.

🐾 □ 안에 들어갈 수 있는 가장 큰 자연수를 구하세요.

1

$$\frac{\square}{6} + \frac{1}{3} < \frac{5}{6}$$

➡ _____

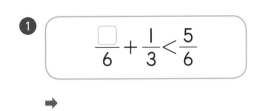

$$\frac{\square}{5} + \frac{1}{5} = \frac{4}{5} \Rightarrow \square = 3$$

$$\frac{\square}{5} + \frac{1}{5} < \frac{4}{5} \Rightarrow \square < 3$$

2

$$\frac{1}{5} + \frac{\square}{10} < \frac{9}{10}$$

➡ _____

3

$$\frac{\square}{12} - \frac{1}{4} < \frac{2}{3}$$

➡ _____

4

$$\frac{\square}{4} + \frac{1}{2} < 1\frac{3}{4}$$

➡ _____

5

$$\frac{7}{8} - \frac{\square}{16} > \frac{1}{2}$$

빼는 수가 작을수록
값이 커져요.

➡ _____

6

$$35.4 + \square < 40.6$$

➡ _____

7

$$5.28 - \square > 1.72$$

➡ _____

117

🐾 ⬚ 안에 들어갈 수 있는 가장 작은 자연수를 구하세요.

1 $\dfrac{\square}{12} + \dfrac{1}{6} > \dfrac{7}{12}$

➡ _____

2 $\dfrac{\square}{10} - \dfrac{1}{2} > \dfrac{3}{10}$

➡ _____

3 $\dfrac{1}{2} + \dfrac{\square}{6} > \dfrac{2}{3}$

➡ _____

4 $\dfrac{3}{4} - \dfrac{\square}{8} < \dfrac{1}{2}$

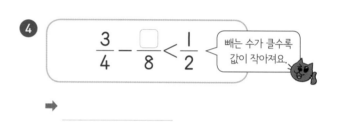

빼는 수가 클수록 값이 작아져요.

➡ _____

5 $\dfrac{\square}{20} + \dfrac{2}{5} > 1\dfrac{1}{10}$

➡ _____

6 $\dfrac{\square}{15} - \dfrac{1}{3} > \dfrac{2}{5}$

➡ _____

7 $25.7 + \square > 42.6$

➡ _____

8 $7.15 - \square < 3.81$

➡ _____

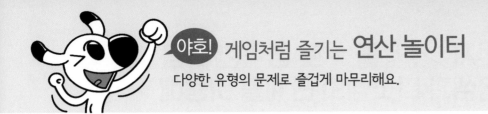

안에 들어갈 수 있는 수를 모두 찾아 ◯표 하세요.

$\dfrac{1}{4}+\dfrac{\Box}{12}<\dfrac{7}{12}$

2 3
4 5 6
7 8

$\dfrac{\Box}{8}+\dfrac{1}{2}>1\dfrac{1}{8}$

2 3
4 5 6
7 8

$\dfrac{2}{3}-\dfrac{\Box}{15}>\dfrac{1}{5}$

4 5
6 7 8
9 10

$\Box-3.52>1.74$

2 3
4 5 6
7 8

☆ $\square \div \dfrac{3}{4} < 6$ 에서 $\square$ 안에 들어갈 수 있는 가장 큰 자연수 구하기

1단계 < 대신 =로 바꿔서 식을 만족하는 어떤 수를 구합니다.

$$\square \div \dfrac{3}{4} = 6, \quad \overset{3}{6} \times \dfrac{3}{\underset{2}{4}} = \square \ \Rightarrow \ \square = \dfrac{9}{2} = 4\dfrac{1}{2}$$

2단계 $\square \div \dfrac{3}{4} < 6$ 에서 $\square$ 안의 수와 $4\dfrac{1}{2}$ 의 크기를 비교합니다.

$\square \div \dfrac{3}{4}$ 이 6보다 작아야 하므로

$\square$ 안에 들어갈 수 있는 수는 $4\dfrac{1}{2}$ 보다 작아야 합니다.

➡ $\square$ 안에 들어갈 수 있는 가장 큰 자연수: $\boxed{4}$

☆ $\dfrac{2}{5} \times \square > 4$ 에서 $\square$ 안에 들어갈 수 있는 가장 작은 자연수 구하기

1단계 > 대신 =로 바꿔서 식을 만족하는 어떤 수를 구합니다.

$$\dfrac{2}{5} \times \square = 4, \quad 4 \div \dfrac{2}{5} = \square, \quad \overset{2}{4} \times \dfrac{5}{\underset{1}{2}} = \square \ \Rightarrow \ \square = 10$$

2단계 $\dfrac{2}{5} \times \square > 4$ 에서 $\square$ 안의 수와 10의 크기를 비교합니다.

$\dfrac{2}{5} \times \square$ 가 4보다 커야 하므로

$\square$ 안에 들어갈 수 있는 수는 10보다 커야 합니다.

➡ $\square$ 안에 들어갈 수 있는 가장 작은 자연수: $\boxed{}$

>, <를 =로 바꾼 식을 만족하는 어떤 수를 구한 다음
어떤 수보다 큰 수 또는 작은 수를 찾으면 돼요.

🐾 □ 안에 들어갈 수 있는 수를 모두 찾아 ◯표 하세요.

①

$$\square \div 9 > \frac{2}{3}$$

□÷9=$\frac{2}{3}$라 하고
식을 만족하는 수를
먼저 구해 봐요.

4   5   6   7   8

②

$$\frac{4}{5} \times \square < 6$$

5   6   7   8   9

③

$$\square \times \frac{3}{8} > \frac{6}{7}$$

1   2   3   4   5

④

$$\square \div 1\frac{1}{3} > 15$$

18   19   20   21   22

⑤

$$10 \div \square > \frac{5}{6}$$

나누는 수가 작을수록
값이 커져요.

10   11   12   13   14

🐾 ☐ 안에 들어갈 수 있는 가장 큰 자연수를 구하세요.

1
$$\frac{4}{7} \times \square < 8$$

➡ _____

2
$$\square \div 6 < \frac{8}{9}$$

➡ _____

3
$$\square \times \frac{2}{5} < \frac{9}{10}$$

➡ _____

4
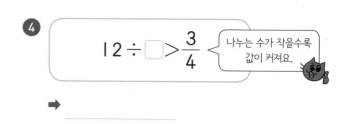
$$12 \div \square > \frac{3}{4}$$
나누는 수가 작을수록 값이 커져요.

➡ _____

5
$$\frac{5}{12} \times \square < 1\frac{2}{3}$$

➡ _____

6
$$16 \div \square > \frac{4}{5}$$

➡ _____

🐾 ☐ 안에 들어갈 수 있는 가장 작은 자연수를 구하세요.

1

$$\frac{5}{6} \times ☐ > 15$$

➡ _____

2

$$☐ \div \frac{7}{8} > 12$$

➡ _____

3

$$☐ \times \frac{1}{6} > \frac{3}{4}$$

➡ _____

4

$$8 \div ☐ < \frac{2}{3}$$

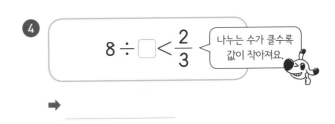

나누는 수가 클수록 값이 작아져요.

➡ _____

5

$$\frac{9}{10} \times ☐ > 2\frac{2}{5}$$

➡ _____

6

$$20 \div ☐ < \frac{5}{7}$$

➡ _____

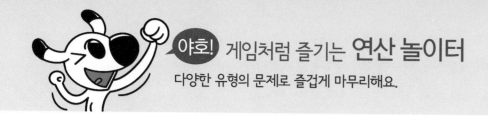

야호! 게임처럼 즐기는 **연산 놀이터**

다양한 유형의 문제로 즐겁게 마무리해요.

🐾 ⬜ 안에 들어갈 수 있는 수를 모두 찾아 ◯표 하세요.

$$\square \div 6 > \frac{7}{8}$$

1　2
3　4　5
6　7

$$\frac{5}{6} \times \square < 10$$

9　10
11　12　13
14　15

$$\square \times \frac{2}{11} > \frac{8}{9}$$

1　2
3　4　5
6　7

$$18 \div \square > \frac{6}{7}$$

18　19
20　21　22
23　24

한눈에 복습하는 자연수의 혼합 계산 순서

괄호가 없는 계산

괄호가 있는 계산

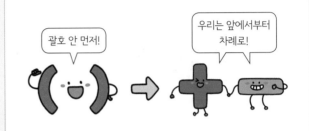

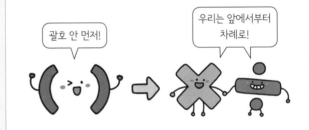

한눈에 정리하는 초등 방정식 풀이 비법

★ 덧셈 · 뺄셈 방정식

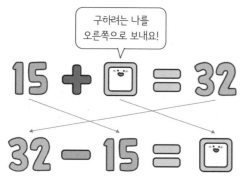

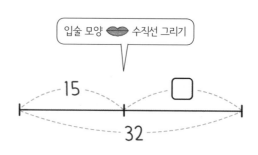

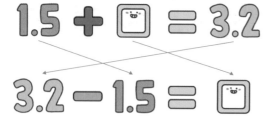

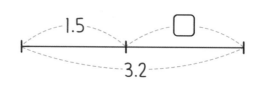

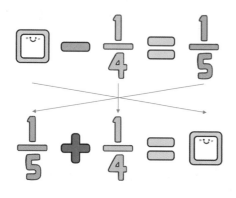

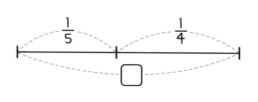

★ 곱셈·나눗셈 방정식

구하려는 나를
오른쪽으로 보내요!

무당벌레 모양 🐞 그리기

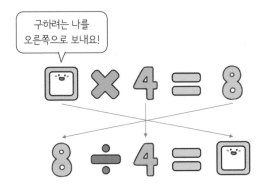

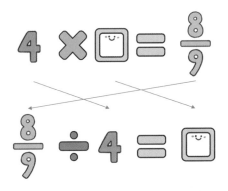

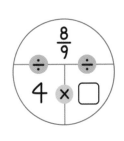

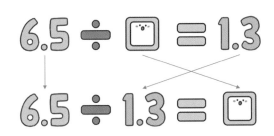

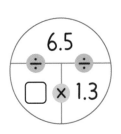

곱셈식과 나눗셈식에서
어떤 수 구하기는~

무당벌레 모양을
그리면 쉽게 해결~!

초등 수학 공부, 이렇게 하면 효과적!

"펑펑 내려야 눈이 쌓이듯 공부도 집중해야 실력이 쌓인다!"

학교 다닐 때는? 학기별 연산책 '바빠 교과서 연산'

'바빠 교과서 연산'부터 시작하세요. 학기별 진도에 딱 맞춘 쉬운 연산 책이니까요! 방학 동안 다음 학기 선행을 준비할 때도 '바빠 교과서 연산'으로 시작하세요! 교과서 순서대로 빠르게 공부할 수 있어, 첫 번째 수학 책으로 추천합니다.

시험이나 서술형 대비는? '나 혼자 푼다! 수학 문장제'

학교 시험을 대비하고 싶다면 '나 혼자 푼다! 수학 문장제'로 공부하세요. 너무 어렵지도 쉽지도 않은 딱 적당한 난이도로, 빈칸을 채우면 풀이 과정이 완성됩니다! 막막하지 않아요~ 요즘 학교 시험 풀이 과정을 손쉽게 연습할 수 있습니다.

방학 때는? 10일 완성 영역별 연산책 '바빠 연산법'

내가 부족한 영역만 골라 보충할 수 있어요! 예를 들어 5학년인데 나눗셈이 어렵다면 나눗셈만, 분수가 어렵다면 분수만 골라 훈련하세요. 방학 때나 학습 결손이 생겼을 때, 취약한 연산 구멍을 빠르게 메꿀 수 있어요!

바빠 연산 영역
: 덧셈, 뺄셈, 구구단, 시계와 시간, 길이와 시간 계산, 곱셈, 나눗셈, 약수와 배수, 분수, 소수, 자연수의 혼합 계산, 분수와 소수의 혼합 계산, 평면도형 계산, 입체도형 계산

바빠^{시리즈} 초등 학년별 추천 도서

학년	학기별 연산책 바빠 교과서 연산 학기 중, 선행용으로 추천!	나 혼자 푼다! 수학 문장제 학교 시험 서술형 완벽 대비!
1학년	·바쁜 1학년을 위한 빠른 교과서 연산 1-1 ·바쁜 1학년을 위한 빠른 교과서 연산 1-2	·나 혼자 푼다! 수학 문장제 1-1 ·나 혼자 푼다! 수학 문장제 1-2
2학년	·바쁜 2학년을 위한 빠른 교과서 연산 2-1 ·바쁜 2학년을 위한 빠른 교과서 연산 2-2	·나 혼자 푼다! 수학 문장제 2-1 ·나 혼자 푼다! 수학 문장제 2-2
3학년	·바쁜 3학년을 위한 빠른 교과서 연산 3-1 ·바쁜 3학년을 위한 빠른 교과서 연산 3-2	·나 혼자 푼다! 수학 문장제 3-1 ·나 혼자 푼다! 수학 문장제 3-2
4학년	·바쁜 4학년을 위한 빠른 교과서 연산 4-1 ·바쁜 4학년을 위한 빠른 교과서 연산 4-2	·나 혼자 푼다! 수학 문장제 4-1 ·나 혼자 푼다! 수학 문장제 4-2
5학년	·바쁜 5학년을 위한 빠른 교과서 연산 5-1 ·바쁜 5학년을 위한 빠른 교과서 연산 5-2	·나 혼자 푼다! 수학 문장제 5-1 ·나 혼자 푼다! 수학 문장제 5-2
6학년	·바쁜 6학년을 위한 빠른 교과서 연산 6-1 ·바쁜 6학년을 위한 빠른 교과서 연산 6-2	·나 혼자 푼다! 수학 문장제 6-1 ·나 혼자 푼다! 수학 문장제 6-2

'바빠 교과서 연산'과
'나 혼자 문장제'를
함께 풀면
한 학기 수학 완성!

방정식의 기초인 어떤 수 구하기 총정리

바쁜 친구들이 즐거워지는 빠른 학습법

바빠 연산법 시리즈

징검다리 교육연구소, 호사라 지음

바쁜
5·6학년을 위한
빠른 방정식

□ ÷ 0.6 = 1.5

정답 및 풀이

바빠만의 3가지 전략 수록

어떤 수 구하기
10일 완성!

□ = ?

한 권으로
총정리!

- 방정식의 기초
- 어떤 수 구하기
- 어떤 수 구하기 응용

6학년 필독서

이지스에듀

맨날 노는데
수학 잘하는 너!
도대체 비결이
뭐야?

① 정답을 확인한 후 틀린 문제는 ☆표를 쳐 놓으세요~.
② 그런 다음 연습장에 틀린 문제를 옮겨 적으세요.
③ 그리고 그 문제들만 한 번 더 풀어 보세요.

시간은 얼마 걸리지 않아요. 그러나 이때 실력이 확 붙는 거예요.
아는 문제를 여러 번 다시 푸는 건 시간 낭비예요.
내가 틀린 문제만 모아서 풀면 아무리 바쁘더라도
수학 실력을 키울 수 있어요!

비결은
간단해!

바쁜 5·6학년을 위한

빠른 방정식

정답 및 풀이

어떤 수 구하기
10일 완성!

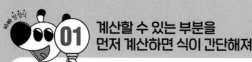

01 계산할 수 있는 부분을 먼저 계산하면 식이 간단해져

❂ ●에 알맞은 수 구하기

$$●-3×5=7$$

1단계 계산 순서를 표시하고 계산할 수 있는 부분을 먼저 계산합니다.

$$●-3×5=7 ➡ ●-15=7$$

3×5를 먼저 계산할 수 있어요.

2단계 덧셈과 뺄셈 의 관계를 이용하여 ●의 값을 구합니다.

$$●-15=7$$

$$7+15=●$$

$$➡ ●=22$$

●가 가장 큰 수니까 7과 15를 더하면 ●의 값이 나와요.

3단계 답이 맞는지 확인합니다.

$$22-3×5=7$$

어떤 수를 구한 다음 답이 맞는지 확인까지 하면 완벽하겠죠?

🍳 **바빠 꿀팁!** ☞ 한눈에 복습하는 자연수의 혼합 계산 순서(125쪽)

• 자연수의 혼합 계산 순서를 떠올려 봐요.

| 괄호가 있으면 무조건 괄호 안 먼저! | 그다음 우리 먼저 앞에서부터 차례로! | 우리도 앞에서부터 차례로! |

🐾 덧셈과 뺄셈의 관계, 곱셈과 나눗셈의 관계를 이용하여 ☐ 안의 수를 구해 보세요.

▲+☐=● ➡ ●-▲=☐   ●-☐=▲ ➡ ●-▲=☐
▲×☐=● ➡ ●÷▲=☐   ●÷☐=▲ ➡ ●÷▲=☐

🐾 ☐ 안에 알맞은 수를 써넣으세요.

① $8+14÷7=10$

나눗셈 먼저!

☐+2=10
10-2=☐

계산 순서를 표시해요!

나눗셈은 덧셈보다 먼저!

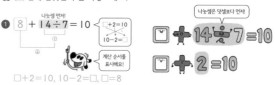

$$☐+2=10, 10-2=☐, ☐=8$$

② $31-3×9=4$
☐-27=4, 4+27=☐, ☐=31

③ $84÷6-9=5$
14-☐=5, 14-5=☐, ☐=9

④ $42÷3+17=31$

⑤ $27+4×8=59$

⑥ $36÷(7+5)=3$

( ) 안 먼저

☐÷12=3
12×3=☐

내 안을 먼저 계산하면 식이 간단해져요.

⑦ $6×(11-4)=42$

⑧ $(9+15)×3=72$

⑨ $(60-8)÷13=4$

B 복잡해 보이지만 계산할 수 있는 부분을 먼저 계산하면 식이 간단해져요. 계산 순서를 표시한 다음 계산해 봐요.

🐾 ☐ 안에 알맞은 수를 써넣으세요.

① $9+3×15÷5=18$

곱셈, 나눗셈 먼저!

☐+45÷5=18
☐+9=18
18-9=☐

$$☐+45÷5=18, ☐+9=18,$$
$$18-9=☐, ☐=9$$

② $24-72÷8×2=6$
☐-9×2=6, ☐-18=6,
6+18=☐, ☐=24

③ $5×4-8+9=21$
20-8+☐=21, 12+☐=21,
21-12=☐, ☐=9

④ $34-72÷9+17=43$
34-8+☐=43, 26+☐=43,
43-26=☐, ☐=17

⑤ $32-6×14÷12=25$

⑥ $28+56÷7×4=60$

⑦ $16+8×3-35=5$

⑧ $60÷4-8+23=30$

⑨ $40-48×2÷8=28$

⑩ $20+43-4×12=15$

C ☐ 안의 값을 구한 다음 답이 맞는지 확인하는 습관을 길러 보세요!

🐾 ☐ 안에 알맞은 수를 써넣으세요.

① $8-(3+9)÷4=5$

( ) 안 먼저

☐-12÷4=5
☐-3=5
5+3=☐

$$☐-12÷4=5, ☐-3=5,$$
$$5+3=☐, ☐=8$$

② $(6+4)×3-4=26$
10×3-☐=26, 30-☐=26,
30-26=☐, ☐=4

③ $17+48÷(20-12)=23$
☐+48÷8=23, ☐+6=23,
23-6=☐, ☐=17

④ $12+(15-9)×2=30$
☐+9×2=30, ☐+18=30,
30-18=☐, ☐=12

⑤ $(32+28)÷4-8=7$

⑥ $70-3×(4+18)=4$

⑦ $56÷(21-7)+5=9$

⑧ $(18-5)×4+8=60$

⑨ $15+96÷(8×3)=19$

계산할 수 있는 부분을 먼저 계산하면 식이 간단해져요.

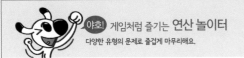

야호! 게임처럼 즐기는 연산 놀이터
다양한 유형의 문제로 즐겁게 마무리해요.

❔의 값이 적힌 길을 따라가면 성으로 갈 수 있어요. 빠독이가 가야 할 길을 표시해 보세요.

$2 \times 3 + ❔ = 15$

9
21

$❔ \div (12 - 9) = 6$

2
18

혼합 계산 순서에 주의해요!

$7 \times 4 + 5 - ❔ = 4$

29
37

$❔ - (9 + 5) \div 2 = 8$

15
30

---

02 먼저 계산하는 부분에 모르는 수가 있으면 한 덩어리로 묶어

☆ ●에 알맞은 수 구하기

$$● \div 2 + 4 = 10$$

1단계 계산 순서를 표시합니다.

$$● \div 2 + 4 = 10$$
❶
❷

2단계 ● ÷ 2를 한 덩어리로 생각하고 값을 구합니다.

$$● \div 2 + 4 = 10$$

$$10 - 4 = ● \div 2$$

●÷2를 한 덩어리로 생각하면 덧셈식처럼 간단해져요.
＿＋4=10
10-4=＿

$$➡ ● \div 2 = 6$$

3단계 곱셈과 나눗셈 의 관계를 이용하여 ●의 값을 구합니다.

$$● \div 2 = 6$$

$$2 \times 6 = ●$$

÷2의 값만 구하고 멈추면 안 되겠죠?
●÷2=6에서
●의 값을 구해요.

$$➡ ● = 12$$

바빠 꿀팁

• ＿가 포함된 곱셈 또는 나눗셈 부분을 ◯로 묶으면 쉬워져요.

$$8 - 3 \times ＿ = 2$$

＿가 포함된 곱셈 부분 3×＿를 묶어 한 덩어리로 생각해요.
$8 - (3 \times ＿) = 2$, $8 - 2 = (3 \times ＿)$ ➡ $(3 \times ＿) = 6$
$3 \times ＿ = 6$, $6 \div 3 = ＿$ ➡ $＿ = 2$

$8 - 3 \times □ = 2$

A 계산 순서를 표시한 다음 ＿가 포함된 곱셈 또는 나눗셈 부분을 한 덩어리로 생각해 봐요.

☆ □ 안에 알맞은 수를 써넣으세요.

① $(3 \times 4) - 5 = 7$ ＿－5=7 / 7+5=＿

＿가 있는 곱셈 또는 나눗셈 부분을 한 덩어리로 묶어 보세요!

계산 순서를 표시해요!

$7 + 5 = □ \times 4$, $□ \times 4 = 12$, $12 \div 4 = □$, $□ = 3$

② $32 + 3 \times 9 = 59$
$59 - 32 = 3 \times □$, $3 \times □ = 27$,
$27 \div 3 = □$, $□ = 9$

③ $15 \div 3 + 6 = 11$
$11 - 6 = □ \div 3$, $□ \div 3 = 5$,
$3 \times 5 = □$, $□ = 15$

④ $6 \times 12 - 5 = 67$

⑤ $36 - 28 \div 7 = 32$

⑥ $90 - 16 \times 4 = 26$

⑦ $96 \div 6 - 9 = 7$

⑧ $17 \times 5 - 24 = 61$

⑨ $48 + 60 \div 12 = 53$

B ( ) 안에 □가 있으면 ( ) 안을 한 덩어리로 생각하면 쉬워져요. ( ) 안의 값을 먼저 구한 다음 □ 안의 값을 구하면 돼요.

☆ □ 안에 알맞은 수를 써넣으세요.

( )안을 묶어 식을 간단히 만들어요.

① $30 - (14 + 7) = 9$ ＿＝9 / 30-9=＿
$30 - 9 = □ + 7$, $□ + 7 = 21$,
$21 - 7 = □$, $□ = 14$

② $(10 - 7) \times 6 = 18$
$18 \div 6 = □ - 7$, $□ - 7 = 3$,
$3 + 7 = □$, $□ = 10$

③ $36 \div (24 - 15) = 4$
$36 \div 4 = 24 - □$, $24 - □ = 9$,
$24 - 9 = □$, $□ = 15$

④ $(27 + 18) \div 15 = 3$
$15 \times 3 = 27 + □$, $27 + □ = 45$,
$45 - 27 = □$, $□ = 18$

⑤ $96 \div (4 \times 3) = 8$

⑥ $(13 - 8) \times 13 = 65$

⑦ $4 \times (7 + 16) = 92$

⑧ $(90 - 18) \div 24 = 3$

⑨ $95 \div (11 + 8) = 5$

⑩ $(13 + 16) \times 3 = 87$

정답 및 풀이   3

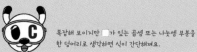 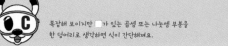

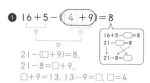

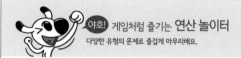

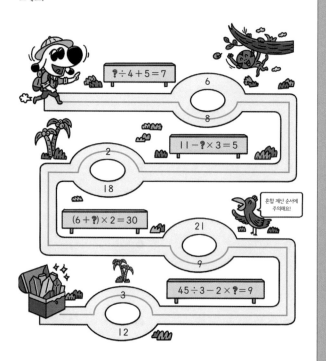

복잡해 보이지만 □가 있는 곱셈 또는 나눗셈 부분을
한 덩어리로 생각하면 식이 간단해져요.

□의 값을 구한 다음 답이 맞는지 확인하는 습관을 길러 보세요!

♣ □ 안에 알맞은 수를 써넣으세요.

❶ $9 - 3 + (\boxed{8} \div 2) = 10$

$9-3+\square=10$
$6+\square=10$
$10-6=\square$

$6+\square \div 2=10$,
$10-6=\square \div 2$,
$\square \div 2=4, \ 2 \times 4=\square, \ \square=8$

❷ $\boxed{5} \times 6 - 8 \div 4 = 28$

$\square \times 6 - 2=28, \ 28+2=\square \times 6$,
$\square \times 6=30, \ 30 \div 6=\square, \ \square=5$

❸ $15 \div \boxed{3} + 4 \times 7 = 33$

$15 \div \square + 28=33, \ 33-28=15 \div \square$,
$15 \div \square=5, \ 15 \div 5=\square, \ \square=3$

❹ $42 + 38 - 6 \times \boxed{12} = 8$

$80 - 6 \times \square=8, \ 80-8=6 \times \square$,
$6 \times \square=72, \ 72 \div 6=\square, \ \square=12$

❺ $43 - 16 + \boxed{45} \div 15 = 30$

❻ $48 \div 8 + \boxed{12} \times 3 = 42$

❼ $14 \times 3 - 80 \div \boxed{16} = 37$

❽ $90 \div 2 - 4 \times \boxed{9} = 9$

❾ $61 + \boxed{96} \div 24 - 24 = 41$

❿ $85 - \boxed{14} \times 5 + 68 = 83$

♣ □ 안에 알맞은 수를 써넣으세요.

❶ $16 + 5 - (\boxed{4} + 9) = 8$

$16+5-\square=8$
$21-\square=8$
$21-8=\square$

$21 - (\square + 9)=8$,
$21-8=\square + 9$,
$\square + 9=13, \ 13-9=\square, \ \square=4$

❷ $8 \times 3 \div (\boxed{15} - 7) = 3$

$24 \div (\square - 7)=3, \ 24 \div 3=\square - 7$,
$\square - 7=8, \ 8+7=\square, \ \square=15$

❸ $36 \div 18 \times (12 - \boxed{5}) = 14$

$2 \times (12 - \square)=14, \ 14 \div 2=12 - \square$,
$12 - \square=7, \ 12-7=\square, \ \square=5$

❹ $25 \times 3 - (34 + \boxed{12}) = 29$

$75 - (34 + \square)=29, \ 75-29=34+\square$,
$34+\square=46, \ 46-34=\square, \ \square=12$

❺ $70 \div (2 \times \boxed{7}) - 3 = 2$

❻ $(23 - \boxed{8}) \times 5 - 24 = 51$

❼ $74 \div (\boxed{41} - 4) + 88 = 90$

❽ $(\boxed{50} + 42) \div 23 \times 16 = 64$

❾ $3 \times (6 + \boxed{26}) \div 12 = 8$

□가 있는 곱셈 또는
나눗셈 부분이나 ( ) 안을
한 덩어리로 묶어 생각하는
덩어리 계산법을 기억해요!

야호! 게임처럼 즐기는 **연산 놀이터**

다양한 유형의 문제로 즐겁게 마무리해요.

03 몫과 나머지를 바르게 구했는지 확인하는 계산을 이용해

♣ ❓의 값이 적힌 길을 따라가면 보물을 찾을 수 있어요. 빠독이가 가야 할 길을 표시해 보세요.

$❓ \div 4 + 5 = 7$

6

8

$11 - ❓ \times 3 = 5$

2

18

$(6 + ❓) \times 2 = 30$

21

9

혼합 계산 순서에
주의해요!

$45 \div 3 - 2 \times ❓ = 9$

3

12

◉ 나머지가 있는 나눗셈식에서 ●에 알맞은 수 구하기

나누는 수와 몫 의 곱에 나머지 를 더하면 나누어지는 수인 것을 이용하여 계산합니다.

• $90 \div ● = 12 \cdots 6$에서 ●에 알맞은 수 구하기

1단계 몫과 나머지를 바르게 구했는지 확인하는 식을 세웁니다.

$$90 \div ● = 12 \cdots 6$$

확인 $● \times 12 + 6 = 90$

(나누는 수)×(몫)+(나머지)=(나누어지는 수)

나누는 수와 몫의 곱에
나머지를 더하면
나누어지는 수가 나와야 해요.

2단계 ●×12를 한 덩어리로 생각하고 값을 구합니다.

$$● \times 12 + 6 = 90$$

$$90 - 6 = ● \times 12$$

➡ $● \times 12 = 84$

●×12를 한 덩어리로 생각하면
덧셈식처럼 간단해져요.

$\square + 6 = 90$
$90 - 6 = \square$

3단계 곱셈과 나눗셈의 관계를 이용하여 ●의 값을 구합니다.

$$● \times 12 = 84$$

$$84 \div 12 = ●$$

➡ $● = 7$

나머지가 있는 나눗셈식
●÷▲=■…★에서 모르는 수를 구할 땐

(나누는 수)×(몫)+(나머지)=(나누어지는 수)의
식을 세우는 게 핵심이에요.

A 나머지가 있는 나눗셈식에서 □ 안의 수를 구하려면 나눗셈의 몫과 나머지를 바르게 구했는지 확인하는 계산을 이용해요.

🐾 □ 안에 알맞은 수를 써넣으세요.

❶ $\boxed{33} \div 7 = 4 \cdots 5$ ⟨7×4+5=□⟩
  7×4+5=□, 28+5=□, □=33

❷ $\boxed{52} \div 6 = 8 \cdots 4$
  6×8+4=□, 48+4=□, □=52

❸ $\boxed{69} \div 12 = 5 \cdots 9$
  12×5+9=□, 60+9=□, □=69

❹ $\boxed{109} \div 11 = 9 \cdots 10$
  11×9+10=□, 99+10=□, □=109

❺ $\boxed{110} \div 8 = 13 \cdots 6$

❻ $\boxed{112} \div 24 = 4 \cdots 16$

❼ $\boxed{164} \div 13 = 12 \cdots 8$

❽ $\boxed{199} \div 17 = 11 \cdots 12$

❾ $\boxed{569} \div 22 = 25 \cdots 19$

❿ $\boxed{762} \div 35 = 21 \cdots 27$

B (나누는 수)×(몫)+(나머지)=(나누어지는 수)에서 나머지를 모를 때 (나누는 수)×(몫)을 먼저 계산하면 식이 간단해져요.

🐾 □ 안에 알맞은 수를 써넣으세요.

❶ $43 \div 9 = 4 \cdots \boxed{7}$ ⟨9×4+□=43⟩
  9×4+□=43, 36+□=43,
  43-36=□, □=7

❷ $71 \div 3 = 23 \cdots \boxed{2}$
  3×23+□=71, 69+□=71,
  71-69=□, □=2

❸ $93 \div 12 = 7 \cdots \boxed{9}$
  12×7+□=93, 84+□=93,
  93-84=□, □=9

❹ $105 \div 19 = 5 \cdots \boxed{10}$
  19×5+□=105, 95+□=105,
  105-95=□, □=10

❺ $212 \div 8 = 26 \cdots \boxed{4}$

❻ $310 \div 13 = 23 \cdots \boxed{11}$

❼ $429 \div 26 = 16 \cdots \boxed{13}$

❽ $600 \div 32 = 18 \cdots \boxed{24}$

❾ $604 \div 41 = 14 \cdots \boxed{30}$

❿ $820 \div 36 = 22 \cdots \boxed{28}$

C (나누는 수)×(몫)+(나머지)=(나누어지는 수)에서 나누는 수 또는 몫을 모르면 □를 포함한 곱셈 부분을 한 덩어리로 생각하면 돼요.

🐾 □ 안에 알맞은 수를 써넣으세요.

❶ $35 \div \boxed{9} = 3 \cdots 8$ ⟨□×3+8=35⟩
  □×3+8=35, 35-8=□×3,
  □×3=27, 27÷3=□, □=9

❷ $61 \div 7 = \boxed{8} \cdots 5$
  7×□+5=61, 61-5=7×□,
  7×□=56, 56÷7=□, □=8

❸ $82 \div \boxed{15} = 5 \cdots 7$
  □×5+7=82, 82-7=□×5,
  □×5=75, 75÷5=□, □=15

❹ $231 \div 9 = \boxed{25} \cdots 6$
  9×□+6=231, 231-6=9×□,
  9×□=225, 225÷9=□, □=25

❺ $285 \div \boxed{12} = 23 \cdots 9$

❻ $320 \div 13 = \boxed{24} \cdots 8$

❼ $463 \div \boxed{18} = 25 \cdots 13$

❽ $565 \div 19 = \boxed{29} \cdots 14$

❾ $692 \div \boxed{21} = 32 \cdots 20$

❿ $721 \div 27 = \boxed{26} \cdots 19$

D □ 안의 수를 구한 다음 답이 맞는지 확인하면 실수를 줄일 수 있어요.

🐾 □ 안에 알맞은 수를 써넣으세요.

❶ $\boxed{55} \div 12 = 4 \cdots 7$
  12×4+7=□, 48+7=□, □=55

❷ $71 \div 3 = 23 \cdots \boxed{2}$
  3×23+□=71, 69+□=71,
  71-69=□, □=2

❸ $140 \div \boxed{18} = 7 \cdots 14$
  □×7+14=140, 140-14=□×7,
  □×7=126, 126÷7=□, □=18

❹ $263 \div 8 = \boxed{32} \cdots 7$
  8×□+7=263, 263-7=8×□,
  8×□=256, 256÷8=□, □=32

❺ $\boxed{323} \div 15 = 21 \cdots 8$

❻ $401 \div 14 = 28 \cdots \boxed{9}$

❼ $530 \div \boxed{32} = 16 \cdots 18$

❽ $691 \div 35 = \boxed{19} \cdots 26$

❾ $\boxed{938} \div 43 = 21 \cdots 35$

잘하고 있어요! □ 안의 수를 구한 다음 답이 맞는지 확인까지 하면 완벽하겠죠?

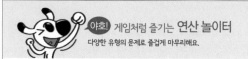

야호! 게임처럼 즐기는 연산 놀이터
다양한 유형의 문제로 즐겁게 마무리해요.

🐾 다음 식에서 ◆의 값에 해당하는 글자를 보기 에서 찾아 아래 표의 빈칸에 차례로 써 넣으면 고사성어가 완성됩니다. 완성된 고사성어를 쓰세요.

❶
◆ ÷ 13 = 3 … 4
➡ ◆ = 43

❷
80 ÷ 12 = 6 … ◆
➡ ◆ = 8

❸
140 ÷ ◆ = 9 … 5
➡ ◆ = 15

❹
103 ÷ 8 = ◆ … 7
➡ ◆ = 12

보기

12	43	10	15	32	8
산	우	차	이	가	공

완성된 고사성어는
'우직하게 끝까지 노력하면 마침내
큰일을 이룰 수 있다'는 뜻이에요.

❶	❷	❸	❹
우	공	이	산

🐾 □ 안에 알맞은 수를 써넣으세요.

❶ $\boxed{30} - 6 \times 2 = 18$
□ - 12 = 18, 18 + 12 = □, □ = 30

❷ $(7 + 16) \times \boxed{4} = 92$
23 × □ = 92, 92 ÷ 23 = □, □ = 4

❸ $48 ÷ 3 + \boxed{18} = 34$
16 + □ = 34, 34 - 16 = □, □ = 18

❹ $\boxed{52} ÷ (31 - 18) = 4$
□ ÷ 13 = 4, 13 × 4 = □, □ = 52

❺ $\boxed{19} + 28 - 3 \times 15 = 2$

❻ $(3 + 13) \times 4 - \boxed{9} = 55$

❼ $90 ÷ 6 \times 5 - \boxed{57} = 18$

❽ $\boxed{39} - 84 ÷ (3 \times 4) = 32$

❾ $34 - \boxed{25} + 72 ÷ 4 = 27$

❿ $85 ÷ (51 - 34) + \boxed{48} = 53$

 섞어서 연습해요!

 04

🐾 □ 안에 알맞은 수를 써넣으세요.

❶ $51 - 6 \times \boxed{7} = 9$
51 - 9 = 6 × □, 6 × □ = 42,
42 ÷ 6 = □, □ = 7

❷ $(\boxed{23} - 5) \times 3 = 54$
54 ÷ 3 = □ - 5, □ - 5 = 18,
18 + 5 = □, □ = 23

❸ $72 ÷ \boxed{3} + 18 = 42$
42 - 18 = 72 ÷ □, 72 ÷ □ = 24,
72 ÷ 24 = □, □ = 3

❹ $84 ÷ (\boxed{2} \times 7) = 6$
84 ÷ 6 = □ × 7, □ × 7 = 14,
14 ÷ 7 = □, □ = 2

❺ $18 \times 5 - 65 ÷ \boxed{13} = 85$

❻ $21 \times 4 - (9 + \boxed{16}) = 59$

❼ $\boxed{98} ÷ 14 + 19 \times 2 = 45$

❽ $81 ÷ 27 \times (23 - \boxed{7}) = 48$

❾ $92 - \boxed{12} \times 7 + 56 = 64$

❿ $(\boxed{45} + 23) ÷ 17 \times 15 = 60$

🐾 □ 안에 알맞은 수를 써넣으세요.

❶ $\boxed{51} ÷ 14 = 3 … 9$
14 × 3 + 9 = □, 42 + 9 = □, □ = 51

❷ $70 ÷ 16 = 4 … \boxed{6}$
16 × 4 + □ = 70, 64 + □ = 70,
70 - 64 = □, □ = 6

❸ $103 ÷ \boxed{8} = 12 … 7$
□ × 12 + 7 = 103, 103 - 7 = □ × 12,
□ × 12 = 96, 96 ÷ 12 = □, □ = 8

❹ $133 ÷ 23 = \boxed{5} … 18$
23 × □ + 18 = 133, 133 - 18 = 23 × □,
23 × □ = 115, 115 ÷ 23 = □, □ = 5

❺ $\boxed{224} ÷ 9 = 24 … 8$

❻ $394 ÷ 11 = 35 … \boxed{9}$

❼ $441 ÷ \boxed{25} = 17 … 16$

❽ $573 ÷ 42 = \boxed{13} … 27$

❾ $\boxed{679} ÷ 19 = 35 … 14$

❿ $867 ÷ 38 = 22 … \boxed{31}$

야호! 게임처럼 즐기는 연산 놀이터
다양한 유형의 문제로 즐겁게 마무리해요.

🐾 계산을 바르게 한 친구를 모두 찾아 ○표 하세요.

$\square + 3 \times 2 = 24$
$\square + 6 = 24$
$24 - 6 = \square$
➡ $\square = 30$

( )

$\square + 3 \times 2 = 24, \square + 6 = 24,$
$24 - 6 = \square, \square = 18$

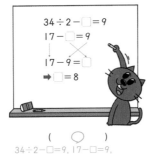

$34 \div 2 - \square = 9$
$17 - \square = 9$
$17 - 9 = \square$
➡ $\square = 8$

(○)

$34 \div 2 - \square = 9, 17 - \square = 9,$
$17 - 9 = \square, \square = 8$

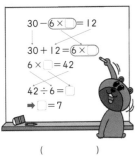

$30 - 6 \times \square = 12$
$30 + 12 = 6 \times \square$
$6 \times \square = 42$
$42 \div 6 = \square$
➡ $\square = 7$

( )

$30 - 6 \times \square = 12, 30 - 12 = 6 \times \square,$
$6 \times \square = 18, 18 \div 6 = \square, \square = 3$

$(8 + \square) \div 6 = 4$
$6 \times 4 = (8 + \square)$
$8 + \square = 24$
$24 - 8 = \square$
➡ $\square = 16$

(○)

$(8 + \square) \div 6 = 4, 6 \times 4 = 8 + \square,$
$8 + \square = 24, 24 - 8 = \square, \square = 16$

활용 문장제
05 모르는 수를 □로 써서 자연수의 혼합 계산식을 세워

◎ 어떤 수 구하기 문장제

사탕이 32개 있습니다. 학생 6명에게 몇 개씩 나누어 주었더니 8개가 남았습니다. 한 명에게 준 사탕은 몇 개일까요?

1단계 문장을 /로 끊어 읽고 조건을 수와 연산 기호로 나타냅니다.

사탕이 32개 있습니다. / ➡ 32

학생 6명에게 몇 개씩 나누어 주었더니 / ➡ $- 6 \times \square$
　　　　　　　　　$6 \times \square$

8개가 남았습니다. / ➡ $= 8$
　　　　　　　　$= 8$

한 명에게 준 사탕은 몇 개일까요?

2단계 하나의 식으로 나타냅니다.

$32 \bigcirc 6 \bigcirc \square \bigcirc 8$

한 명에게 준 사탕 수를 모르니까 □라 하고 식으로 나타내면 돼요.

3단계 덧셈과 뺄셈, 곱셈과 나눗셈의 관계를 이용하여 □ 안의 수를 구합니다.

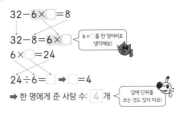

$32 - 6 \times \square = 8$
$32 - 8 = 6 \times \square$
$6 \times \square = 24$
$24 \div 6 = \square$ ➡ $\square = 4$

$6 \times \square$를 한 덩어리로 생각해요.

➡ 한 명에게 준 사탕 수: **4** 개

답에 단위를 쓰는 것도 잊지 마요!

A
어떤 수를 □라 하여 혼합 계산식으로 나타내고 □를 구하면 돼요.

🐾 □를 사용하여 하나의 식으로 나타내어 답을 구하세요.

❶ 어떤 수에 7과 2의 곱을 더했더니 21이 되었습니다. 어떤 수는 얼마일까요?

식 $\square + 7 \times 2 = 21$
$\square + 14 = 21, 21 - 14 = \square, \square = 7$
답 **7**

어떤 수 □ $+ 7 \times 2 = 21$
어떤 수를 □라 하는게 핵심이에요.

❷ 45를 3으로 나누고 어떤 수를 곱했더니 60이 되었습니다. 어떤 수는 얼마일까요?

식 $45 \div 3 \times \square = 60$
$15 \times \square = 60, 60 \div 15 = \square, \square = 4$
답 **4**

❸ 8에 어떤 수를 곱하고 72를 4로 나눈 몫을 뺐더니 22가 되었습니다. 어떤 수는 얼마일까요?

식 $8 \times \square - 72 \div 4 = 22$
$8 \times \square - 18 = 22, 22 + 18 = 8 \times \square,$
$8 \times \square = 40, 40 \div 8 = \square, \square = 5$
답 **5**

❹ 9와 5의 곱에 어떤 수를 15로 나눈 몫을 더했더니 51이 되었습니다. 어떤 수는 얼마일까요?

식 $9 \times 5 + \square \div 15 = 51$
$45 + \square \div 15 = 51,$
$51 - 45 = \square \div 15, \square \div 15 = 6,$
$15 \times 6 = \square, \square = 90$
답 **90**

B
먼저 계산해야 하는 부분이 있으면 ( )를 사용하여 식으로 나타내면 돼요.

🐾 □를 사용하여 하나의 식으로 나타내어 답을 구하세요.

❶ 어떤 수에 4와 8의 합을 곱했더니 72가 되었습니다. 어떤 수는 얼마일까요?

식 $\square \times (4 + 8) = 72$
$\square \times 12 = 72, 72 \div 12 = \square, \square = 6$
답 **6**

어떤 수에 곱해야 하는 부분은 '4와 8의 합'이에요. 먼저 계산하는 이 부분을 ( )로 묶어 나타내요.

❷ 20과 6의 차를 7로 나눈 몫에 어떤 수를 더했더니 11이 되었습니다. 어떤 수는 얼마일까요?

식 $(20 - 6) \div 7 + \square = 11$
$14 \div 7 + \square = 11, 2 + \square = 11,$
$11 - 2 = \square, \square = 9$
답 **9**

❸ 81을 어떤 수와 9의 곱으로 나누었더니 몫이 3이 되었습니다. 어떤 수는 얼마일까요?

식 $81 \div (\square \times 9) = 3$
$81 \div 3 = \square \times 9, \square \times 9 = 27,$
$27 \div 9 = \square, \square = 3$
답 **3**

❹ 16과 4의 곱에서 27과 어떤 수의 합을 뺐더니 21이 되었습니다. 어떤 수는 얼마일까요?

식 $16 \times 4 - (27 + \square) = 21$
$64 - (27 + \square) = 21,$
$64 - 21 = 27 + \square, 27 + \square = 43,$
$43 - 27 = \square, \square = 16$
답 **16**

모르는 수를 □라 하여 곱셈이 섞여 있는
혼합 계산식으로 나타내고 □를 구하면 돼요.

🐾 □를 사용하여 하나의 식으로 나타내어 답을 구하세요.

❶ 한 봉지에 18개씩 들어 있는 귤을 4봉지 샀습니다. 그중에서 몇 개를 먹었더니 47개가 남았다면 먹은 귤은 몇 개일까요?

식 $18 \times 4 - \square = 47$

$72 - \square = 47$, $72 - 47 = \square$, $\square = 25$

답 ___25___ 개

단위를 꼭 써요!

• 18개씩 4봉지 ➡ 18×4
• 몇 개를 먹었더니 ➡ $-\square$
• 47개가 남았다 ➡ $=47$

먹은 귤의 수를 모르니까 □라고 하고 식으로 나타내면 돼요.

❷ 주머니에 구슬이 45개 들어 있습니다. 주머니에서 구슬을 3개씩 몇 번 꺼냈더니 남은 구슬이 9개가 되었다면 구슬을 꺼낸 횟수는 몇 번일까요?

식 $45 - 3 \times \square = 9$

$45 - 9 = 3 \times \square$, $3 \times \square = 36$,
$36 \div 3 = \square$, $\square = 12$

답 ___12번___

❸ 도넛을 구워 남학생 4명, 여학생 7명에게 3개씩 나누어 주었더니 17개가 남았습니다. 구운 도넛은 모두 몇 개일까요?

식 $\square - (4+7) \times 3 = 17$

$\square - 11 \times 3 = 17$, $\square - 33 = 17$,
$17 + 33 = \square$, $\square = 50$

답 ___50개___

• 도넛을 받은 학생 수
➡ $4 + 7$ 명

도넛을 받은 학생 수는 '남학생과 여학생 수의 합'이에요. 먼저 계산하는 이 부분을 ( )로 묶어 나타내요.

모르는 수를 □라 하여 나눗셈이 섞여 있는
혼합 계산식으로 나타내고 □를 구하면 돼요.

🐾 □를 사용하여 하나의 식으로 나타내어 답을 구하세요.

❶ 배 90개를 6상자에 똑같이 나누어 담았습니다. 첫 번째 상자에 배를 몇 개 더 넣었더니 23개가 되었다면 첫 번째 상자에 더 넣은 배는 몇 개일까요?

식 $90 \div 6 + \square = 23$

$15 + \square = 23$, $23 - 15 = \square$, $\square = 8$

답 ___8___ 개

단위를 꼭 써요!

• 배 90개를 6상자에 똑같이 나누어 담았다 ➡ $90 \div 6$
• 몇 개 더 넣었더니 ➡ $+\square$
• 23개가 됐다 ➡ $=23$

'똑같이 나누어 가졌다'는 말이 있으면 나눗셈이 섞여 있는 식으로 나타내면 돼요.

❷ 색종이 64장을 몇 모둠이 똑같이 나누어 가졌습니다. 그중 진우네 모둠은 색종이를 7장 썼더니 9장이 남았습니다. 색종이를 나누어 가진 모둠은 몇 모둠일까요?

식 $64 \div \square - 7 = 9$

$9 + 7 = 64 \div \square$, $64 \div \square = 16$,
$64 \div 16 = \square$, $\square = 4$

답 ___4모둠___

❸ 가지고 있던 붙임딱지 몇 장에 더 받아 온 붙임딱지 15장을 합하여 5명이 똑같이 나누어 가졌습니다. 한 명이 4장씩 받았다면 처음에 가지고 있던 붙임딱지는 몇 장일까요?

식 $(\square + 15) \div 5 = 4$

$5 \times 4 = \square + 15$, $\square + 15 = 20$,
$20 - 15 = \square$, $\square = 5$

답 ___5장___

• 전체 붙임딱지 수
➡ $\square + 15$ 장

전체 붙임딱지 수는 '가지고 있던 붙임딱지와 더 받아 온 붙임딱지 수의 합'이에요. 먼저 계산하는 이 부분을 ( )로 묶어 나타내요.

바르게 계산한 값을 구하려면 식을 두 번 세워야 해요.
어떤 수를 □라 하고 잘못된 식을 세워 어떤 수를 구한 다음
바른 식을 세워 값을 구해요.

🐾 □를 사용하여 하나의 식으로 나타내어 답을 구하세요.

❶ 어떤 수에 36을 4로 나눈 몫을 더해야 할 것을 잘못하여 뺐더니 12가 되었습니다. 바르게 계산한 값은 얼마일까요?

잘못된 식 $\square - 36 \div 4 = 12$

바른 식 $21 + 36 \div 4 = 30$

잘못된 식에서 구한 어떤 수의 값을 써요.

답 ___30___

잘못된 식: $\square - 36 \div 4 = 12$, $\square - 9 = 12$, $12 + 9 = \square$, $\square = 21$
바른 식: $21 + 36 \div 4 = 21 + 9 = 30$

[문제 푸는 순서]
□를 사용하여 잘못된 식 세우기
↓
어떤 수 구하기
↓
바르게 계산한 값 구하기

어떤 수만 구하고 멈추면 안 돼요? 바르게 계산한 값까지 구해야 해요.

❷ 어떤 수에서 9와 7의 합을 빼야 할 것을 잘못하여 나누었더니 5가 되었습니다. 바르게 계산한 값은 얼마일까요?

잘못된 식 $\square \div (9+7) = 5$

바른 식 $80 - (9+7) = 64$

답 ___64___

잘못된 식: $\square \div (9+7) = 5$, $\square \div 16 = 5$, $16 \times 5 = \square$, $\square = 80$
바른 식: $80 - (9+7) = 80 - 16 = 64$

❸ 24를 어떤 수에서 8을 뺀 값으로 나누어야 할 것을 잘못하여 곱했더니 96이 되었습니다. 바르게 계산한 값은 얼마일까요?

잘못된 식 $24 \times (\square - 8) = 96$

바른 식 $24 \div (12 - 8) = 6$

답 ___6___

잘못된 식: $24 \times (\square - 8) = 96$, $96 \div 24 = \square - 8$,
$\square - 8 = 4$, $4 + 8 = \square$, $\square = 12$
바른 식: $24 \div (12 - 8) = 24 \div 4 = 6$

첫째 마당까지 다 풀다니~ 정말 멋져요!

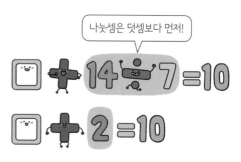

나눗셈은 덧셈보다 먼저!

$\square + 14 \div 7 = 10$

$\square + 2 = 10$

계산할 수 있는 부분을 먼저 계산하면~

식이 간단해져요!

06 덧셈과 뺄셈의 관계로 완성하는 식

☆ 뺄셈식을 이용해 □ 안의 수 구하기

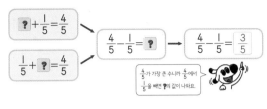

☆ 덧셈식을 이용해 □ 안의 수 구하기

바빠 꿀팁!
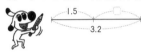

- 입술 모양 👄 수직선을 그리면 덧셈식과 뺄셈식에서 □의 값을 구하기 쉬워요!

전체에서 한 부분을 빼면 남은 부분이 돼요.
$3.2-1.5=□ ➡ □=1.7$

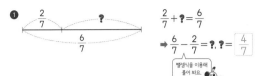

수직선을 보면서 ❓의 값을 구해 봐요.

□ 안에 알맞은 수를 써넣어 ❓의 값을 구하세요.

❶
$\frac{2}{7}+❓=\frac{6}{7}$
➡ $\frac{6}{7}-\frac{2}{7}=❓, ❓=\boxed{\frac{4}{7}}$
뺄셈식을 이용해 풀어 봐요.

❷
$❓+\frac{4}{9}=1\frac{5}{9}$
➡ $1\frac{5}{9}-\frac{4}{9}=❓, ❓=\boxed{1\frac{1}{9}}$
대분수로 나타내요.

❸
$3.2+❓=5.6$
➡ $\boxed{5.6}-3.2=❓, ❓=\boxed{2.4}$

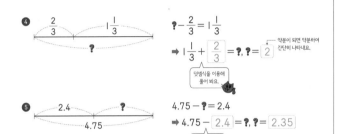

❹
$❓-\frac{2}{3}=1\frac{1}{3}$
➡ $1\frac{1}{3}+\frac{2}{3}=❓, ❓=\boxed{2}$
약분이 되면 약분하여 간단히 나타내요.
덧셈식을 이용해 풀어 봐요.

❺
$4.75-❓=2.4$
➡ $4.75-\boxed{2.4}=❓, ❓=\boxed{2.35}$
다른 뺄셈식을 이용해요.

  B

▲+❓=■ ❓+▲=■
■-▲=❓ ■-❓=▲
덧셈과 뺄셈의 관계를 이용하여 오르는 값을 맨 오른쪽으로 보내면 돼.

□ 안에 알맞은 수를 써넣어 ❓의 값을 구하세요.

❶ $\frac{2}{9}+❓=\frac{7}{9}$ 가장 큰 수
가장 큰 수에서 한 수를 빼면 남은 한 수가 돼요.
➡ $\frac{7}{9}-\frac{2}{9}=❓, ❓=\boxed{\frac{5}{9}}$

❷ $❓+\frac{4}{7}=1\frac{6}{7}$
➡ $1\frac{6}{7}-\frac{4}{7}=❓, ❓=\boxed{1\frac{2}{7}}$

❸ $\frac{3}{11}+❓=4\frac{9}{11}$
➡ $\boxed{4\frac{9}{11}}-\frac{3}{11}=❓, ❓=\boxed{4\frac{6}{11}}$

❹ $❓+\frac{5}{8}=1$
➡ $1-\boxed{\frac{5}{8}}=❓, ❓=\boxed{\frac{3}{8}}$

❺ $1\frac{8}{13}+❓=2\frac{10}{13}$
➡ $2\frac{10}{13}-1\frac{8}{13}=❓, ❓=\boxed{1\frac{2}{13}}$

❻ $❓+3\frac{7}{15}=5\frac{11}{15}$
➡ $5\frac{11}{15}-3\frac{7}{15}=❓, ❓=\boxed{2\frac{4}{15}}$

❼ $2.4+❓=10.6$
➡ $\boxed{10.6}-2.4=❓, ❓=\boxed{8.2}$

❽ $❓+3.5=8.4$
➡ $8.4-\boxed{3.5}=❓, ❓=\boxed{4.9}$

❾ $5.34+❓=7.59$
➡ $\boxed{7.59}-\boxed{5.34}=❓, ❓=\boxed{2.25}$

❿ $❓+2.46=8.62$
➡ $\boxed{8.62}-\boxed{2.46}=❓, ❓=\boxed{6.16}$

 C

❓-▲=● ■-●=❓
●+▲=❓ ■-❓=●
덧셈과 뺄셈의 관계를 이용하여 ❓의 값을 구해 보세요.

□ 안에 알맞은 수를 써넣어 ❓의 값을 구하세요.

❶ $❓-\frac{3}{7}=\frac{2}{7}$ 가장 큰 수
작은 두 수의 합이 가장 큰 수가 돼요.
➡ $\frac{2}{7}+\frac{3}{7}=❓, ❓=\boxed{\frac{5}{7}}$

❷ $2\frac{9}{11}-❓=\frac{5}{11}$
➡ $2\frac{9}{11}-\frac{5}{11}=❓, ❓=\boxed{2\frac{4}{11}}$

❸ $❓-\frac{7}{10}=1\frac{3}{10}$
➡ $1\frac{3}{10}+\boxed{\frac{7}{10}}=❓, ❓=\boxed{2}$

❹ $4\frac{11}{15}-❓=1\frac{4}{15}$
➡ $4\frac{11}{15}-1\frac{4}{15}=❓, ❓=\boxed{3\frac{7}{15}}$

❺ $❓-2\frac{9}{17}=3\frac{5}{17}$
➡ $3\frac{5}{17}+2\frac{9}{17}=❓, ❓=\boxed{5\frac{14}{17}}$
$\left(또는\ 2\frac{9}{17}+3\frac{5}{17}\right)$

❻ $3-❓=1\frac{5}{12}$
➡ $3-\boxed{1\frac{5}{12}}=❓, ❓=\boxed{1\frac{7}{12}}$

❼ $❓-5.2=2.7$
➡ $\boxed{2.7}+5.2=❓, ❓=\boxed{7.9}$

❽ $6.4-❓=3.8$
➡ $6.4-\boxed{3.8}=❓, ❓=\boxed{2.6}$

❾ $❓-4.23=4.56$
➡ $\boxed{4.56}+\boxed{4.23}=❓, ❓=\boxed{8.79}$
(또는 4.23+4.56)

❿ $7.61-❓=6.25$
➡ $\boxed{7.61}-\boxed{6.25}=❓, ❓=\boxed{1.36}$

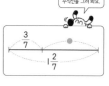

야호! 게임처럼 즐기는 연산 놀이터
다양한 유형의 문제로 즐겁게 마무리해요.

◆의 값과 관계있는 것끼리 선으로 이어 보세요.

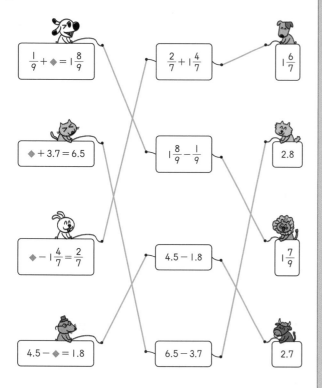

$\frac{1}{9}+◆=1\frac{8}{9}$

$\frac{2}{7}+1\frac{4}{7}$

$1\frac{6}{7}$

◆$+3.7=6.5$

$1\frac{8}{9}-\frac{1}{9}$

2.8

◆$-1\frac{4}{7}=\frac{2}{7}$

$4.5-1.8$

$1\frac{7}{9}$

$4.5-◆=1.8$

$6.5-3.7$

2.7

07 분수와 소수에서도 덧셈과 뺄셈의 관계가 통해

☆●에 알맞은 수 구하기

덧셈과 뺄셈 의 관계를 이용하여 ●의 값을 구합니다.

• $\frac{3}{7}+●=1\frac{2}{7}$ 에서 ●의 값 구하기

$\frac{3}{7}+●=1\frac{2}{7}$

$1\frac{2}{7}-\frac{3}{7}=●$, $\frac{9}{7}-\frac{3}{7}=●$ ➡ $●=\frac{6}{7}$

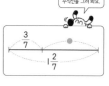
입술 모양 🐶 수직선을 그려 봐요.

$1\frac{2}{7}$가 가장 큰 수니까 $1\frac{2}{7}$에서 $\frac{3}{7}$을 빼면 ●의 값이 나와요.

• $●-2.6=4.5$ 에서 ●의 값 구하기

$●-2.6=4.5$

$4.5+2.6=●$ ➡ $●=7.1$

●가 가장 큰 수니까 4.5와 2.6을 더하면 ●의 값이 나와요.

바빠 꿀팁!

• 자연수의 덧셈식과 뺄셈식에서 '어떤 수 구하기'와 푸는 방법이 같아요.

$2+\square=6$ ➡ $6-2=\square$, $\square=4$

$\frac{2}{7}+\square=\frac{6}{7}$ ➡ $\frac{6}{7}-\frac{2}{7}=\square$, $\square=\frac{4}{7}$

자연수와 비교해 보니 이해하기 쉽죠? 분수나 소수일 때도 '덧셈과 뺄셈의 관계'를 이용하면 돼요.

A 덧셈식을 뺄셈식으로 나타내면 □ 안의 수를 구할 수 있어요.
□ 안의 수를 구하기 힘들다면 아래와 같이 쉬운 수로 생각해 봐요!
$1+\square=5$ ➡ $5-1=\square$, $\square=4$

🐾 □ 안에 알맞은 수를 써넣으세요.

❶ $\frac{1}{9}+\boxed{\frac{4}{9}}=\frac{5}{9}$

$\frac{5}{9}-\frac{1}{9}=\square$,
$\square=\frac{4}{9}$

❷ $\boxed{\frac{5}{11}}+\frac{4}{11}=\frac{9}{11}$

$\frac{9}{11}-\frac{4}{11}=\square$,
$\square=\frac{5}{11}$

❸ $\frac{3}{10}+\boxed{\frac{7}{10}}=1$

$1-\frac{3}{10}=\square$, $\square=\frac{7}{10}$

❹ $\boxed{\frac{3}{5}}+\frac{4}{5}=1\frac{2}{5}$

$1\frac{2}{5}-\frac{4}{5}=\square$, $\square=\frac{3}{5}$

❺ $1\frac{1}{6}+\boxed{2\frac{5}{6}}=4$

❻ $\boxed{1\frac{4}{9}}+2\frac{7}{9}=4\frac{2}{9}$

❼ $2.7+\boxed{4.5}=7.2$

❽ $\boxed{4.9}+6.5=11.4$

소수점을 콕! 찍는 것을 잊지 마요.

❾ $4.56+\boxed{2.37}=6.93$

구하려는 나를 오른쪽으로 보내!

$2.5+\boxed{}=3.1$

$3.1-2.5=\boxed{}$

B 뺄셈식을 덧셈식 또는 다른 뺄셈식으로 나타내면 □ 안의 수를 구할 수 있어요.
□ 안의 수를 구하기 힘들다면 아래와 같이 쉬운 수로 생각해 봐요!
$\square-1=5$ ➡ $5+1=\square$, $\square=6$ $11-\square=4$ ➡ $11-4=\square$, $\square=7$

🐾 □ 안에 알맞은 수를 써넣으세요.

❶ $\boxed{\frac{6}{7}}-\frac{1}{7}=\frac{5}{7}$

$\frac{5}{7}+\frac{1}{7}=\square$,
$\square=\frac{6}{7}$

❷ $\frac{11}{15}-\boxed{\frac{7}{15}}=\frac{4}{15}$

$\frac{11}{15}-\frac{4}{15}=\square$,
$\square=\frac{7}{15}$

❸ $\boxed{1}-\frac{5}{9}=\frac{4}{9}$

$\frac{4}{9}+\frac{5}{9}=\square$, $\square=1$

❹ $3-\boxed{1\frac{3}{8}}=1\frac{5}{8}$

$3-1\frac{5}{8}=\square$, $\square=1\frac{3}{8}$

❺ $\boxed{2\frac{2}{7}}-1\frac{4}{7}=\frac{5}{7}$

❻ $5\frac{4}{13}-\boxed{2\frac{5}{13}}=2\frac{12}{13}$

❼ $\boxed{4.5}-2.8=1.7$

❽ $10.5-\boxed{4.9}=5.6$

❾ $\boxed{5.97}-2.39=3.58$

❿ $9.2-\boxed{6.71}=2.49$

덧셈과 뺄셈의 관계를 이용할 때 수직선을 그리면 이해하기 쉬워요.

 □ 안의 수를 구한 다음 답이 맞는지 확인하면 실수를 줄일 수 있어요.

$1\frac{1}{5}+□=1 \Rightarrow 1-1\frac{1}{5}=□, □=\frac{4}{5}$ 확인 $\frac{1}{5}+\frac{4}{5}=1$

□ 안에 알맞은 수를 써넣으세요.

① $\boxed{\frac{2}{11}}+\frac{7}{11}=\frac{9}{11}$

$\frac{9}{11}-\frac{7}{11}=□, □=\frac{2}{11}$

② $\boxed{\frac{14}{15}}-\frac{8}{15}=\frac{6}{15}$

$\frac{6}{15}+\frac{8}{15}=□, □=\frac{14}{15}$

③ $\frac{5}{7}+\boxed{\frac{6}{7}}=1\frac{4}{7}$

$1\frac{4}{7}-\frac{5}{7}=□, □=\frac{6}{7}$

④ $1-\boxed{\frac{5}{12}}=\frac{7}{12}$

$1-\frac{7}{12}=□, □=\frac{5}{12}$

⑤ $\boxed{1\frac{3}{5}}+1\frac{4}{5}=3\frac{2}{5}$

⑥ $\boxed{5\frac{8}{13}}-1\frac{10}{13}=3\frac{11}{13}$

⑦ $8.4+\boxed{3.6}=12$

⑧ $13.1-\boxed{4.5}=8.6$

⑨ $\boxed{2.43}+5.29=7.72$

⑩ $\boxed{6.41}-4.93=1.48$

□ 안에 알맞은 수를 써넣으세요.

① $\frac{4}{13}+\boxed{\frac{9}{13}}=1$

$1-\frac{4}{13}=□, □=\frac{9}{13}$

② $\boxed{1\frac{2}{7}}-\frac{5}{7}=\frac{4}{7}$

$\frac{4}{7}+\frac{5}{7}=□, □=\frac{9}{7}=1\frac{2}{7}$

③ $\boxed{\frac{5}{9}}+1\frac{5}{9}=2\frac{1}{9}$

$2\frac{1}{9}-1\frac{5}{9}=□, □=\frac{5}{9}$

④ $3\frac{6}{11}-\boxed{1\frac{9}{11}}=1\frac{8}{11}$

$3\frac{6}{11}-1\frac{8}{11}=□, □=1\frac{9}{11}$

⑤ $2\frac{3}{10}+\boxed{2\frac{7}{10}}=5$

⑥ $\boxed{6\frac{4}{15}}-2\frac{11}{15}=3\frac{8}{15}$

⑦ $\boxed{3.29}+3.51=6.8$

⑧ $9.14-\boxed{4.64}=4.5$

⑨ $6.72+\boxed{3.58}=10.3$

 잘하고 있어요! □ 안의 수를 구한 다음 답이 맞는지 확인까지 하면 완벽하겠죠?

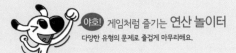 야호! 게임처럼 즐기는 연산 놀이터
다양한 유형의 문제로 즐겁게 마무리해요.

사다리 타기 놀이를 하고 있습니다. ?에 알맞은 수를 사다리로 연결된 고양이에게 써넣으세요.

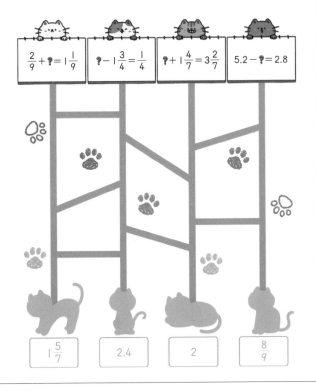

$\frac{2}{9}+?=1\frac{1}{9}$?$-1\frac{3}{4}=\frac{1}{4}$?$+1\frac{4}{7}=3\frac{2}{7}$ $5.2-?=2.8$

$1\frac{5}{7}$ 2.4 2 $\frac{8}{9}$

 **08** 통분이 필요한 어떤 수 구하기 집중 연습!

●에 알맞은 수 구하기

• $\frac{1}{3}+●=\frac{1}{2}$ 에서 ●의 값 구하기

$\frac{1}{3}+●=\frac{1}{2}$

$\frac{1}{2}-\frac{1}{3}=●$, $\frac{3}{6}-\frac{2}{6}=● \Rightarrow ●=\frac{1}{6}$

분모의 곱: 6   분모를 통분해요

분모를 같게 만들어야 분자끼리 뺄 수 있어요.

• $●-1\frac{1}{8}=1\frac{1}{4}$ 에서 ●의 값 구하기

$●-1\frac{1}{8}=1\frac{1}{4}$

$1\frac{1}{4}+1\frac{1}{8}=●$, $1\frac{2}{8}+1\frac{1}{8}=● \Rightarrow ●=2\frac{3}{8}$

최소공배수: 8   분모를 통분해요

대분수 상태에서 통분하면 계산이 간단해지는 경우가 많아요.

바빠 꿀팁!

• 어떤 수에 더한 것은 빼고, 뺀 것은 더하는 '거꾸로 생각하기' 전략

$□+\frac{1}{3}=\frac{1}{2}$

$\Rightarrow \frac{1}{2}-\frac{1}{3}=□$

'어떤 수에 $\frac{1}{3}$을 더하면 $\frac{1}{2}$이 된다.'를 계산 결과에서부터 거꾸로 생각하면 '$\frac{1}{2}$에서 $\frac{1}{3}$을 빼면 어떤 수가 된다.'예요.

$□-\frac{1}{4}=\frac{1}{5}$

$\Rightarrow \frac{1}{5}+\frac{1}{4}=□$

'어떤 수에서 $\frac{1}{4}$을 빼면 $\frac{1}{5}$이 된다.'를 계산 결과에서부터 거꾸로 생각하면 '$\frac{1}{5}$에 $\frac{1}{4}$을 더하면 어떤 수가 된다.'예요.

A 덧셈식을 뺄셈식으로 나타내면 □ 안의 수를 구할 수 있어요.
▲+■=● ➡ ■=●−▲, ●+★=■ ➡ ★=■−●

□ 안에 알맞은 수를 써넣으세요.

❶ $\frac{1}{4} + \frac{\boxed{1}}{12} = \frac{1}{3}$

$\frac{1}{3} - \frac{1}{4} = \square,$
$\square = \frac{1}{12}$

분모를 같게 만들어야 뺄 수 있어요

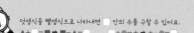

❷ $\frac{\boxed{3}}{10} + \frac{1}{5} = \frac{1}{2}$

$\frac{1}{2} - \frac{1}{5} = \square,$
$\square = \frac{3}{10}$

❸ $\frac{1}{3} + \frac{\boxed{8}}{21} = \frac{5}{7}$

$\frac{5}{7} - \frac{1}{3} = \square, \ \square = \frac{8}{21}$

❹ $\frac{\boxed{4}}{33} + \frac{6}{11} = \frac{2}{3}$

❺ $\frac{5}{9} + 1\frac{\boxed{5}}{18} = 1\frac{5}{6}$

💡 분모가 다를 때 최소공배수를 공통분모로 하면 수가 작아져서 계산이 편해져요.

❻ $4\frac{\boxed{5}}{6} + 2\frac{2}{3} = 7\frac{1}{2}$

❼ $3\frac{7}{15} + 2\frac{\boxed{14}}{15} = 6\frac{2}{5}$

❽ $2\frac{19}{20} + 2\frac{3}{10} = 5\frac{1}{4}$

❾ $2\frac{7}{12} + 1\frac{\boxed{19}}{24} = 4\frac{3}{8}$

B 뺄셈식을 덧셈식 또는 다른 뺄셈식으로 나타내면 □ 안의 수를 구할 수 있어요.
■−▲=● ➡ ■=●+▲, ●−■=★ ➡ ■=●−★

□ 안에 알맞은 수를 써넣으세요.

❶ $\frac{\boxed{9}}{20} - \frac{1}{4} = \frac{1}{5}$

$\frac{1}{5} + \frac{1}{4} = \square,$
$\square = \frac{9}{20}$

❷ $\frac{1}{2} - \frac{\boxed{1}}{4} = \frac{1}{4}$

$\frac{1}{2} - \frac{1}{4} = \square,$
$\square = \frac{1}{4}$

❸ $\frac{7}{8} - \frac{\boxed{3}}{4} = \frac{1}{8}$

$\frac{1}{8} + \frac{3}{4} = \square, \ \square = \frac{7}{8}$

❹ $\frac{2}{3} - \frac{\boxed{4}}{9} = \frac{2}{9}$

$\frac{2}{3} - \frac{2}{9} = \square, \ \square = \frac{4}{9}$

❺ $1\frac{\boxed{19}}{20} - 1\frac{7}{10} = \frac{1}{4}$

❻ $3\frac{4}{9} - 1\frac{\boxed{5}}{18} = 2\frac{1}{6}$

❼ $3\frac{\boxed{9}}{40} - 1\frac{5}{8} = 1\frac{3}{5}$

❽ $4\frac{1}{15} - 1\frac{\boxed{11}}{15} = 2\frac{1}{3}$

❾ $4\frac{\boxed{5}}{36} - 1\frac{5}{9} = 2\frac{7}{12}$

❿ $3\frac{4}{11} - 1\frac{\boxed{17}}{22} = 1\frac{13}{22}$

C □ 안의 수를 구한 다음 답이 맞는지 확인하면 실수를 줄일 수 있어요.
$\square + \frac{1}{4} = \frac{1}{3}$ ➡ $\frac{1}{3} - \frac{1}{4} = \square, \ \square = \frac{1}{12}$ 확인 $\frac{1}{12} + \frac{1}{4} = \frac{1}{12} + \frac{3}{12} = \frac{4}{12} = \frac{1}{3}$

□ 안에 알맞은 수를 써넣으세요.

❶ $1\frac{\boxed{1}}{8} + \frac{3}{8} = 1\frac{1}{2}$

$1\frac{1}{2} - \frac{3}{8} = \square, \ \square = 1\frac{1}{8}$

❷ $1\frac{\boxed{5}}{6} - \frac{1}{6} = 1\frac{2}{3}$

$1\frac{2}{3} + \frac{1}{6} = \square, \ \square = 1\frac{5}{6}$

❸ $1\frac{1}{4} + 1\frac{\boxed{7}}{20} = 2\frac{3}{5}$

$2\frac{3}{5} - 1\frac{1}{4} = \square, \ \square = 1\frac{7}{20}$

❹ $3\frac{4}{9} - 1\frac{\boxed{5}}{18} = 2\frac{1}{6}$

$3\frac{4}{9} - 2\frac{1}{6} = \square, \ \square = 1\frac{5}{18}$

❺ $2\frac{\boxed{3}}{14} + 1\frac{2}{7} = 3\frac{1}{2}$

❻ $3\frac{\boxed{11}}{20} - 2\frac{1}{4} = 1\frac{3}{10}$

❼ $2\frac{3}{8} + 3\frac{\boxed{7}}{24} = 5\frac{2}{3}$

❽ $6\frac{5}{6} - 3\frac{\boxed{7}}{12} = 3\frac{1}{4}$

❾ $3\frac{\boxed{1}}{36} + 3\frac{5}{9} = 6\frac{7}{12}$

❿ $7\frac{\boxed{10}}{21} - 4\frac{2}{7} = 3\frac{4}{21}$

D 이번 연습을 통해 여러분의 계산력이 쑥쑥 커질 거예요!

□ 안에 알맞은 수를 써넣으세요.

❶ $\frac{\boxed{5}}{9} + \frac{2}{3} = 1\frac{2}{9}$

$1\frac{2}{9} - \frac{2}{3} = \square, \ \square = \frac{5}{9}$

❷ $1\frac{\boxed{9}}{40} - \frac{5}{8} = \frac{3}{5}$

$\frac{3}{5} + \frac{5}{8} = \square, \ \square = 1\frac{9}{40}$

❸ $1\frac{2}{3} + 1\frac{\boxed{7}}{12} = 3\frac{1}{4}$

$3\frac{1}{4} - 1\frac{2}{3} = \square, \ \square = 1\frac{7}{12}$

❹ $2\frac{3}{7} - \frac{\boxed{25}}{42} = 1\frac{5}{6}$

$2\frac{3}{7} - 1\frac{5}{6} = \square, \ \square = \frac{25}{42}$

❺ $\frac{\boxed{8}}{15} + 4\frac{4}{5} = 5\frac{1}{3}$

❻ $6\frac{\boxed{17}}{36} - 2\frac{7}{12} = 3\frac{8}{9}$

❼ $2\frac{1}{5} + 1\frac{\boxed{33}}{35} = 4\frac{1}{7}$

❽ $5\frac{3}{10} - 2\frac{\boxed{23}}{60} = 2\frac{11}{12}$

❾ $1\frac{\boxed{43}}{50} + 1\frac{9}{25} = 3\frac{11}{50}$

여기까지 오느라 정말 수고했어요! 조금만 더 힘내요!

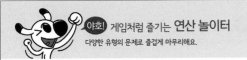

야호! 게임처럼 즐기는 **연산 놀이터**
다양한 유형의 문제로 즐겁게 마무리해요.

🐾 ❓의 값이 적힌 길을 따라가면 이글루를 찾을 수 있어요. 빠독이가 가야 할 길을 표시해 보세요.

덧셈과 뺄셈의 관계를 이용해요!

$❓ - \dfrac{1}{2} = \dfrac{3}{4}$

$1\dfrac{1}{2}$

$1\dfrac{1}{4}$

$\dfrac{4}{9}$

$\dfrac{2}{3} + ❓ = 1\dfrac{1}{9}$

$1\dfrac{1}{1}$

$1\dfrac{7}{9}$

$3\dfrac{1}{4} - ❓ = 1\dfrac{5}{6}$

$\dfrac{5}{12}$

$2\dfrac{5}{12}$

덧셈식과 뺄셈식에서 어떤 수 구하기! 이제 자신감이 생겼나요?

모르는 수가 2개면 알 수 있는 것부터 차례로 구해

❖ ●와 ▲에 알맞은 수 구하기

$●+2.45=5.61$
$●-▲=1.7$

1단계 모르는 수가 1개인 식 먼저 계산합니다.

$●+2.45=5.61$
$5.61-2.45=●$
➡ $●=3.16$

2단계 구한 수를 이용하여 나머지 수를 구합니다.

$●-▲=1.7$
$3.16-▲=1.7$
$3.16-1.7=▲$
➡ $▲=1.46$

●=3.16이므로 ● 대신 3.16을 넣어요.

3단계 답이 맞는지 확인합니다.

$3.16+2.45=5.61$
$3.16-1.46=1.7$

어떤 수를 구한 다음 답이 맞는지 확인까지 하면 완벽하겠죠?

바빠 꿀팁

• =(등호)를 기준으로 기호를 바꿔요.

➡ =(등호)의 반대쪽으로 이동할 때, +■는 -■가 되고 -■는 +■가 돼요.

A | ■+❓=★ → ❓+■=★ → ★-■=❓

🐾 ●와 ▲에 알맞은 수를 각각 구하세요.

모르는 수가 1개인 덧셈식을 뺄셈식으로 나타내 ●의 값을 먼저 구해 봐요.

①
$●+3.5=7.2$ ← 7.2-3.5=●
$1.54+●=▲$

● : 3.7 , ▲ : 5.24
$●+3.5=7.2, 7.2-3.5=●, ●=3.7$
$1.54+3.7=▲, ▲=5.24$

②
$4.73+●=6.15$
$2.9-●=▲$

● : 1.42 , ▲ : 1.48
$4.73+●=6.15, 6.15-4.73=●, ●=1.42$
$2.9-1.42=▲, ▲=1.48$

③
$\dfrac{2}{9}+●=\dfrac{7}{9}$
$●+\dfrac{1}{3}=▲$

● : $\dfrac{5}{9}$, ▲ : $\dfrac{8}{9}$
$\dfrac{2}{9}+●=\dfrac{7}{9}, \dfrac{7}{9}-\dfrac{2}{9}=●, ●=\dfrac{5}{9}$
$\dfrac{5}{9}+\dfrac{1}{3}=▲, ▲=\dfrac{8}{9}$

④
$●+1\dfrac{3}{4}=2$
$\dfrac{4}{5}-●=▲$

● : $\dfrac{1}{4}$, ▲ : $\dfrac{11}{20}$
$●+1\dfrac{3}{4}=2, 2-1\dfrac{3}{4}=●, ●=\dfrac{1}{4}$
$\dfrac{4}{5}-\dfrac{1}{4}=▲, ▲=\dfrac{11}{20}$

⑤
$●+\dfrac{1}{3}=1\dfrac{1}{2}$
$\dfrac{1}{4}+●=▲$

● : $1\dfrac{1}{6}$, ▲ : $1\dfrac{5}{12}$

⑥
$1\dfrac{5}{8}+●=2\dfrac{1}{6}$
$1\dfrac{5}{6}-●=▲$

● : $\dfrac{13}{24}$, ▲ : $1\dfrac{7}{24}$

B | ❓-■=★ → ❓=★+■ and ■-❓=★ → ❓=■-★

🐾 ●와 ▲에 알맞은 수를 각각 구하세요.

모르는 수가 1개인 뺄셈식을 덧셈식 또는 다른 뺄셈식으로 나타내 ●의 값을 먼저 구해 봐요.

①
$●-2.6=3.7$ ← 3.7+2.6=●
$10.2-●=▲$

● : 6.3 , ▲ : 3.9
$●-2.6=3.7, 3.7+2.6=●, ●=6.3$
$10.2-6.3=▲, ▲=3.9$

②
$5.6-●=1.52$ ← 5.6-1.52=●
$●+2.62=▲$

● : 4.08 , ▲ : 6.7
$5.6-●=1.52, 5.6-1.52=●, ●=4.08$
$4.08+2.62=▲, ▲=6.7$

③
$1\dfrac{1}{7}-●=\dfrac{5}{7}$
$●-\dfrac{1}{14}=▲$

● : $\dfrac{3}{7}$, ▲ : $\dfrac{5}{14}$
$1\dfrac{1}{7}-●=\dfrac{5}{7}, 1\dfrac{1}{7}-\dfrac{5}{7}=●, ●=\dfrac{3}{7}$
$\dfrac{3}{7}-\dfrac{1}{14}=▲, ▲=\dfrac{5}{14}$

④
$●-\dfrac{1}{2}=\dfrac{3}{8}$
$\dfrac{1}{5}+●=▲$

● : $\dfrac{7}{8}$, ▲ : $1\dfrac{3}{40}$
$●-\dfrac{1}{2}=\dfrac{3}{8}, \dfrac{3}{8}+\dfrac{1}{2}=●, ●=\dfrac{7}{8}$
$\dfrac{1}{5}+\dfrac{7}{8}=▲, ▲=1\dfrac{3}{40}$

⑤
$●-\dfrac{1}{6}=1\dfrac{4}{9}$
$4\dfrac{1}{3}-●=▲$

● : $1\dfrac{11}{18}$, ▲ : $2\dfrac{13}{18}$

⑥
$3\dfrac{1}{5}-●=1\dfrac{2}{3}$
$●+2\dfrac{1}{9}=▲$

● : $1\dfrac{8}{15}$, ▲ : $3\dfrac{29}{45}$

●와 ▲에 알맞은 수를 각각 구하세요.

1
$$0.28 + ● = 5.32$$
$$● + ▲ = 7.1$$
●: __5.04__ , ▲: __2.06__
$0.28+●=5.32$, $5.32-0.28=●$,
$●=5.04$
$5.04+▲=7.1$, $7.1-5.04=▲$,
$▲=2.06$

2
$$● + 3.24 = 6.9$$
$$● - ▲ = 1.84$$
●: __3.66__ , ▲: __1.82__
$●+3.24=6.9$, $6.9-3.24=●$,
$●=3.66$
$3.66-▲=1.84$, $3.66-1.84=▲$,
$▲=1.82$

3
$$1\frac{1}{4} - ● = \frac{1}{6}$$
$$● - ▲ = \frac{5}{18}$$
●: $1\frac{1}{12}$, ▲: $\frac{29}{36}$
$1\frac{1}{4}-●=\frac{1}{6}$, $1\frac{1}{4}-\frac{1}{6}=●$, $●=1\frac{1}{12}$
$1\frac{1}{12}-▲=\frac{5}{18}$, $1\frac{1}{12}-\frac{5}{18}=▲$, $▲=\frac{29}{36}$

4
$$● - \frac{7}{8} = 2\frac{3}{5}$$
$$● + ▲ = 6$$
●: $3\frac{19}{40}$, ▲: $2\frac{21}{40}$
$●-\frac{7}{8}=2\frac{3}{5}$, $2\frac{3}{5}+\frac{7}{8}=●$, $●=3\frac{19}{40}$
$3\frac{19}{40}+▲=6$, $6-3\frac{19}{40}=▲$, $▲=2\frac{21}{40}$

5
$$1\frac{5}{6} + ● = 3\frac{1}{15}$$
$$● + ▲ = 1\frac{2}{3}$$
●: $1\frac{7}{30}$, ▲: $\frac{13}{30}$

6
$$● + 1\frac{3}{4} = 3\frac{1}{18}$$
$$● - ▲ = \frac{4}{9}$$
●: $1\frac{11}{36}$, ▲: $\frac{31}{36}$

다양한 유형의 문제로 즐겁게 마무리해요.

다음 식의 각 기호의 값에 해당하는 글자를 보기 에서 찾아 아래 표의 빈칸에 차례로 써넣으면 고사성어가 완성됩니다. 완성된 고사성어를 쓰세요.

$$2.65 + ● = 4.18$$
$$● + 3.5 = ▲$$

$2.65+●=4.18$,
$4.18-2.65=●$, $●=1.53$
$1.53+3.5=▲$, $▲=5.03$

$$2\frac{1}{5} - ■ = \frac{1}{2}$$
$$■ - ★ = \frac{1}{4}$$

$2\frac{1}{5}-■=\frac{1}{2}$,
$2\frac{1}{5}-\frac{1}{2}=■$, $■=1\frac{7}{10}$
$1\frac{7}{10}-★=\frac{1}{4}$,
$1\frac{7}{10}-\frac{1}{4}=★$, $★=1\frac{9}{20}$

보기

$1\frac{9}{20}$	4.58	1.53	$\frac{9}{20}$	$1\frac{7}{10}$	5.03
공	성	형	구	지	설

완성된 고사성어는 '어려움을 딛고 부지런히 공부하는 자세'라는 뜻이에요.

●	▲	■	★
형	설	지	공

섞어 연습하기
10 덧셈식과 뺄셈식에서 어떤 수 구하기 종합 문제

□ 안에 알맞은 수를 써넣어 ❓의 값을 구하세요.

1 $\frac{5}{11} + ❓ = 1\frac{9}{11}$
➡ $1\boxed{\frac{9}{11}} - \frac{5}{11} = ❓$, $❓ = 1\boxed{\frac{4}{11}}$

2 $❓ - 1\frac{4}{13} = 2\frac{8}{13}$
➡ $2\boxed{\frac{8}{13}} + 1\boxed{\frac{4}{13}} = ❓$, $❓ = 3\boxed{\frac{12}{13}}$
$\left(또는 1\frac{4}{13} + 2\frac{8}{13}\right)$

3 $❓ + 3.54 = 8.26$
➡ $8.26 - \boxed{3.54} = ❓$, $❓ = \boxed{4.72}$

4 $6.2 - ❓ = 4.57$
➡ $\boxed{6.2} - \boxed{4.57} = ❓$, $❓ = \boxed{1.63}$

□ 안에 알맞은 수를 써넣으세요.

5 $\frac{4}{15} + \boxed{\frac{13}{15}} = 1\frac{2}{15}$
$1\frac{2}{15} - \frac{4}{15} = □$, $□ = \frac{13}{15}$

6 $\boxed{6} - 2\frac{5}{9} = 3\frac{4}{9}$
$3\frac{4}{9} + 2\frac{5}{9} = □$, $□ = 6$

7 $4\frac{3}{5} + 1\frac{4}{5} = 6\frac{2}{5}$
$6\frac{2}{5} - 1\frac{4}{5} = □$, $□ = 4\frac{3}{5}$

8 $5\frac{3}{17} - 3\boxed{\frac{12}{17}} = 1\frac{8}{17}$
$5\frac{3}{17} - 1\frac{8}{17} = □$, $□ = 3\frac{12}{17}$

□ 안에 알맞은 수를 써넣으세요.

1 $7.5 + \boxed{4.8} = 12.3$
$12.3 - 7.5 = □$, $□ = 4.8$

2 $\boxed{9.3} - 2.5 = 6.8$
$6.8 + 2.5 = □$, $□ = 9.3$

3 $\boxed{1.58} + 3.48 = 5.06$
$5.06 - 3.48 = □$, $□ = 1.58$

4 $5.26 - \boxed{2.09} = 3.17$
$5.26 - 3.17 = □$, $□ = 2.09$

5 $\frac{1}{8} + \boxed{\frac{5}{8}} = \frac{3}{4}$

6 $\frac{29}{30} - \boxed{\frac{1}{6}} = \frac{4}{5}$

7 $1\boxed{\frac{11}{18}} + \frac{2}{9} = 1\frac{5}{6}$

8 $2\frac{7}{10} - 2\boxed{\frac{17}{30}} = \frac{2}{15}$

9 $3\frac{7}{8} + 1\boxed{\frac{13}{24}} = 5\frac{5}{12}$

10 $6\boxed{\frac{11}{70}} - 3\frac{5}{14} = 2\frac{4}{5}$

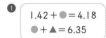 섞어서 연습해요!

⑩

🐾 ●와 ▲에 알맞은 수를 각각 구하세요.

모르는 수가 1개인 식 먼저 계산하면 돼요.

①

$$1.42 + ● = 4.18$$
$$● + ▲ = 6.35$$

●: 2.76 , ▲: 3.59

$1.42 + ● = 4.18, 4.18 - 1.42 = ●,$
$● = 2.76$
$2.76 + ▲ = 6.35, 6.35 - 2.76 = ▲,$
$▲ = 3.59$

②

$$● + 2.65 = 7.4$$
$$● - ▲ = 3.29$$

●: 4.75 , ▲: 1.46

$● + 2.65 = 7.4, 7.4 - 2.65 = ●,$
$● = 4.75$
$4.75 - ▲ = 3.29, 4.75 - 3.29 = ▲,$
$▲ = 1.46$

③

$$1\frac{1}{9} - ● = \frac{2}{9}$$
$$● - ▲ = \frac{5}{27}$$

●: $\frac{8}{9}$, ▲: $\frac{19}{27}$

$1\frac{1}{9} - ● = \frac{2}{9}, 1\frac{1}{9} - \frac{2}{9} = ●, ● = \frac{8}{9}$
$\frac{8}{9} - ▲ = \frac{5}{27}, \frac{8}{9} - \frac{5}{27} = ▲, ▲ = \frac{19}{27}$

④

$$● - \frac{3}{4} = 3\frac{4}{5}$$
$$● + ▲ = 7\frac{3}{5}$$

●: $4\frac{11}{20}$, ▲: $3\frac{1}{20}$

$● - \frac{3}{4} = 3\frac{4}{5}, 3\frac{4}{5} + \frac{3}{4} = ●, ● = 4\frac{11}{20}$
$4\frac{11}{20} + ▲ = 7\frac{3}{5}, 7\frac{3}{5} - 4\frac{11}{20} = ▲, ▲ = 3\frac{1}{20}$

⑤

$$1\frac{1}{2} + ● = 2\frac{5}{12}$$
$$● + ▲ = 1\frac{1}{18}$$

●: $\frac{11}{12}$, ▲: $\frac{5}{36}$

⑥

$$● + 1\frac{3}{8} = 3\frac{1}{6}$$
$$● - ▲ = \frac{7}{16}$$

●: $1\frac{19}{24}$, ▲: $1\frac{17}{48}$

🐾 계산을 바르게 한 친구를 모두 찾아 ○표 하세요.

$$\square + \frac{4}{7} = 1\frac{2}{7}$$
$$1\frac{2}{7} - \frac{4}{7} = \square$$
$$\Rightarrow \square = \frac{5}{7}$$

(○)

$\square + \frac{4}{7} = 1\frac{2}{7}, 1\frac{2}{7} - \frac{4}{7} = \square, \square = \frac{5}{7}$

$$\square - 2.5 = 4.63$$
$$4.63 - 2.5 = \square$$
$$\Rightarrow \square = 2.13$$

( )

$\square - 2.5 = 4.63, 4.63 + 2.5 = \square,$
$\square = 7.13$

$$1\frac{4}{5} + \square = 3\frac{1}{2}$$
$$3\frac{1}{2} + 1\frac{4}{5} = \square$$
$$\Rightarrow \square = 5\frac{3}{10}$$

( )

$1\frac{4}{5} + \square = 3\frac{1}{2}, 3\frac{1}{2} - 1\frac{4}{5} = \square,$
$\square = 1\frac{7}{10}$

$$2\frac{1}{6} - \square = 1\frac{3}{4}$$
$$2\frac{1}{6} - 1\frac{3}{4} = \square$$
$$\Rightarrow \square = \frac{5}{12}$$

(○)

$2\frac{1}{6} - \square = 1\frac{3}{4}, 2\frac{1}{6} - 1\frac{3}{4} = \square,$
$\square = \frac{5}{12}$

 활용 문장제

11 모르는 수를 □로 써서 덧셈식 또는 뺄셈식을 세워

 어떤 수를 □라 하여 덧셈식 또는 뺄셈식으로 나타내고 □를 구하면 돼요.

✪ 어떤 수 구하기 문장제

방울토마토가 $2\frac{1}{6}$ kg 있습니다. 이 중 몇 kg을 먹었더니 $\frac{2}{3}$ kg이 남았습니다. 먹은 방울토마토는 몇 kg일까요?

1단계 문장을 /로 끊어 읽고 조건을 수와 연산 기호로 나타냅니다.

방울토마토가 $2\frac{1}{6}$ kg 있습니다. / ➡ $2\frac{1}{6}$
이 중 몇 kg을 먹었더니 / ➡ $- \square$
$- \square$
$\frac{2}{3}$ kg이 남았습니다. / ➡ $= \frac{2}{3}$
$= \frac{2}{3}$

먹은 방울토마토는 몇 kg일까요?

2단계 하나의 식으로 나타냅니다.

$$2\frac{1}{6} \ominus \square = \frac{2}{3}$$

 먹은 방울토마토의 무게를 모르니까 □kg이라 하고 식으로 나타내면 돼요.

3단계 덧셈과 뺄셈의 관계를 이용하여 □ 안의 수를 구합니다.

$$2\frac{1}{6} - \square = \frac{2}{3}$$

$2\frac{1}{6} - \frac{2}{3} = \square, 2\frac{1}{6} - \frac{4}{6} = \square, 1\frac{7}{6} - \frac{4}{6} = \square \Rightarrow \square = 1\frac{3}{6} = 1\frac{1}{2}$

➡ 먹은 방울토마토의 무게: $1\frac{1}{2}$ kg

답에 단위를 쓰는 것도 잊지 마요!

🐾 □를 사용하여 하나의 식으로 나타내어 답을 구하세요.

① 어떤 수에서 4.7을 뺐더니 2.53이 되었습니다. 어떤 수는 얼마일까요?

식 $\square - 4.7 = 2.53$

$2.53 + 4.7 = \square, \square = 7.23$

답 7.23

② $\frac{2}{5}$에 어떤 수를 더했더니 $1\frac{2}{3}$가 되었습니다. 어떤 수는 얼마일까요?

식 $\frac{2}{5} + \square = 1\frac{2}{3}$

$1\frac{2}{3} - \frac{2}{5} = \square, \square = 1\frac{4}{15}$

답 $1\frac{4}{15}$

③ $4\frac{1}{8}$에서 어떤 수를 뺐더니 $1\frac{5}{12}$가 되었습니다. 어떤 수는 얼마일까요?

식 $4\frac{1}{8} - \square = 1\frac{5}{12}$

$4\frac{1}{8} - 1\frac{5}{12} = \square, \square = 2\frac{17}{24}$

답 $2\frac{17}{24}$

④ 어떤 수에 $2\frac{9}{10}$를 더했더니 $5\frac{1}{4}$이 되었습니다. 어떤 수는 얼마일까요?

식 $\square + 2\frac{9}{10} = 5\frac{1}{4}$

$5\frac{1}{4} - 2\frac{9}{10} = \square, \square = 2\frac{7}{20}$

답 $2\frac{7}{20}$

• 어떤 수에서 ➡ □
• 4.7을 뺐더니 ➡ $- 4.7$
• 2.53이 되었다 ➡ $= 2.53$

어떤 수 $\boxed{} - 4.7 = 2.53$

어떤 수를 □라 하는 게 핵심이에요.

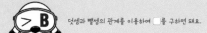 **B** 덧셈과 뺄셈의 관계를 이용하여 ☐를 구하면 돼요.

🐾 ☐를 사용하여 하나의 식으로 나타내어 답을 구하세요.

❶ 두 과일의 무게의 합이 2.53 kg이라면 파인애플의 무게는 몇 kg일까요?

 1.67 kg ☐ kg

식 1.67 ⊕ ☐ ⊜ 2.53

2.53−1.67=☐, ☐=0.86

답 ___0.86___ kg

> 단위를 꼭 써요!

• 두 과일의 무게의 합
→ 1.67 + ☐ kg

❷ 두 색 테이프의 길이의 차가 $\frac{3}{5}$ m라면 분홍색 테이프의 길이는 몇 m일까요?

 ☐ m $1\frac{1}{6}$ m

식 ☐ − $1\frac{1}{6}$ = $\frac{3}{5}$

$\frac{3}{5}$ + $1\frac{1}{6}$ = ☐, ☐ = $1\frac{23}{30}$

답 ___$1\frac{23}{30}$___ m

길이의 차를 구하는 뺄셈식으로 나타내 봐요.

❸ 오른쪽 직사각형의 가로와 세로의 합이 $2\frac{1}{4}$ m라면 가로는 몇 m일까요?

 $1\frac{4}{9}$ m   ☐ m

식 ☐ + $1\frac{4}{9}$ = $2\frac{1}{4}$

$2\frac{1}{4}$ − $1\frac{4}{9}$ = ☐, ☐ = $\frac{29}{36}$

답 ___$\frac{29}{36}$___ m

가로와 세로의 합을 구하는 덧셈식으로 나타내 봐요.

 C 모르는 수를 ☐라 하여 덧셈식으로 나타내고 ☐를 구하면 돼요.

🐾 ☐를 사용하여 덧셈식으로 나타내어 답을 구하세요.

❶ 물이 3.46 L 들어 있는 수조에 몇 L의 물을 더 부었더니 5.1 L가 되었습니다. 더 부은 물의 양은 몇 L일까요?

식 3.46 ⊕ ☐ ⊜ 5.1

5.1−3.46=☐, ☐=1.64

답 ___1.64___ L

> 단위를 꼭 써요!

• 물이 3.46 L 들어 있다 → 3.46
• 몇 L의 물을 더 부었으니
→ + ☐
• 5.1 L가 되었다 → = 5.1

더 부은 물의 양을 모르니까 ☐ L라고 식으로 나타내면 돼요.

❷ 은서는 $\frac{4}{5}$시간 동안 수학 숙제를 하고 몇 시간 동안 영어 숙제를 했습니다. 은서가 숙제를 한 시간이 $1\frac{3}{8}$시간이라면 영어 숙제를 한 시간은 몇 시간일까요?

식 $\frac{4}{5}$ + ☐ = $1\frac{3}{8}$

$1\frac{3}{8}$ − $\frac{4}{5}$ = ☐, ☐ = $\frac{23}{40}$

답 ___$\frac{23}{40}$___ 시간

❸ 오전에 딸기밭에서 딸기를 몇 kg 땄습니다. 오후에 $1\frac{5}{6}$ kg 더 땄더니 딴 딸기가 모두 $3\frac{1}{4}$ kg이 되었다면 오전에 딴 딸기는 몇 kg일까요?

식 ☐ + $1\frac{5}{6}$ = $3\frac{1}{4}$

$3\frac{1}{4}$ − $1\frac{5}{6}$ = ☐, ☐ = $1\frac{5}{12}$

답 ___$1\frac{5}{12}$___ kg

D 모르는 수를 ☐라 하여 뺄셈식으로 나타내고 ☐를 구하면 돼요.

🐾 ☐를 사용하여 뺄셈식으로 나타내어 답을 구하세요.

❶ 사과를 몇 kg 샀습니다. 이웃에 $2\frac{5}{9}$ kg을 나누어 주었더니 $4\frac{8}{9}$ kg이 남았다면 산 사과는 몇 kg일까요?

식 ☐ ⊖ $2\frac{5}{9}$ ⊜ $4\frac{8}{9}$

$4\frac{8}{9}$ + $2\frac{5}{9}$ = ☐, ☐ = $7\frac{4}{9}$

답 ___$7\frac{4}{9}$___ kg

• 사과를 몇 kg 샀다 → ☐
• 이웃에 $2\frac{5}{9}$ kg을 나누어 주었더니 → − $2\frac{5}{9}$
• $4\frac{8}{9}$ kg이 남았다 → = $4\frac{8}{9}$

산 사과의 무게를 모르니까 ☐ kg이라고 식으로 나타내면 돼요.

❷ 리본이 몇 m 있습니다. 선물을 포장하는 데 1.65 m를 사용했더니 1.8 m가 남았다면 처음에 있던 리본은 몇 m일까요?

식 ☐ − 1.65 = 1.8

1.8+1.65=☐, ☐=3.45

답 ___3.45___ m

❸ 식용유가 $4\frac{3}{8}$ L 있습니다. 요리하는 데 몇 L를 사용했더니 $2\frac{5}{6}$ L가 남았다면 사용한 식용유는 몇 L일까요?

식 $4\frac{3}{8}$ − ☐ = $2\frac{5}{6}$

$4\frac{3}{8}$ − $2\frac{5}{6}$ = ☐, ☐ = $1\frac{13}{24}$

답 ___$1\frac{13}{24}$___ L

E 바르게 계산한 값을 구하려면 식을 두 번 세워야 해요. 어떤 수를 ☐라 하고 잘못된 식을 세워 어떤 수를 구한 다음 바른 식을 세워 값을 구해요.

🐾 ☐를 사용하여 하나의 식으로 나타내어 답을 구하세요.

❶ 2.39에서 어떤 수를 빼야 할 것을 잘못하여 더했더니 4.17이 되었습니다. 바르게 계산한 값은 얼마일까요?

잘못된 식 2.39 ⊕ ☐ ⊜ 4.17

바른 식 2.39 ⊖ 1.78 ⊜ 0.61

> 잘못된 식에서 구한 어떤 수의 값을 써요.

답 ___0.61___

잘못된 식: 2.39+☐=4.17, 4.17−2.39=☐, ☐=1.78
바른 식: 2.39−1.78=0.61

[문제 푸는 순서]
☐를 사용하여 잘못된 식 세우기
↓
어떤 수 구하기
↓
바르게 계산한 값 구하기

❷ 어떤 수에 $\frac{1}{3}$을 더해야 할 것을 잘못하여 뺐더니 $1\frac{1}{2}$이 되었습니다. 바르게 계산한 값은 얼마일까요?

잘못된 식 ☐ − $\frac{1}{3}$ = $1\frac{1}{2}$

바른 식 $1\frac{5}{6}$ + $\frac{1}{3}$ = $2\frac{1}{6}$

잘못된 식: ☐ − $\frac{1}{3}$ = $1\frac{1}{2}$, $1\frac{1}{2}$ + $\frac{1}{3}$ = ☐,
☐ = $1\frac{5}{6}$

바른 식: $1\frac{5}{6}$ + $\frac{1}{3}$ = $2\frac{1}{6}$

답 ___$2\frac{1}{6}$___

어떤 수만 구하고 멈추면 안 되겠죠? 바르게 계산한 값까지 구해야 해요.

❸ $3\frac{2}{5}$에 어떤 수를 더해야 할 것을 잘못하여 뺐더니 $1\frac{3}{4}$이 되었습니다. 바르게 계산한 값은 얼마일까요?

잘못된 식 $3\frac{2}{5}$ − ☐ = $1\frac{3}{4}$

바른 식 $3\frac{2}{5}$ + $1\frac{13}{20}$ = $5\frac{1}{20}$

잘못된 식: $3\frac{2}{5}$ − ☐ = $1\frac{3}{4}$,
$3\frac{2}{5}$ − $1\frac{3}{4}$ = ☐, ☐ = $1\frac{13}{20}$

바른 식: $3\frac{2}{5}$ + $1\frac{13}{20}$ = $5\frac{1}{20}$

답 ___$5\frac{1}{20}$___

둘째 마당까지 다 풀다니~ 정말 멋져요!

12 곱셈과 나눗셈의 관계로 완성하는 식

☺ 나눗셈식을 이용해 ☐ 안의 수 구하기

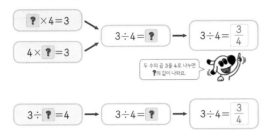

$$\boxed{?} \times 4 = 3$$
$$4 \times \boxed{?} = 3$$

$$3 \div 4 = \boxed{?} \rightarrow 3 \div 4 = \frac{3}{4}$$

두 수의 곱 3을 4로 나누면 ?의 값이 나와요.

$$3 \div \boxed{?} = 4 \rightarrow 3 \div 4 = \boxed{?} \rightarrow 3 \div 4 = \frac{3}{4}$$

☺ 곱셈식을 이용해 ☐ 안의 수 구하기

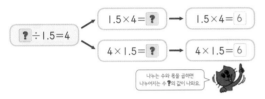

$$\boxed{?} \div 1.5 = 4$$

$$1.5 \times 4 = \boxed{?} \rightarrow 1.5 \times 4 = 6$$
$$4 \times 1.5 = \boxed{?} \rightarrow 4 \times 1.5 = 6$$

나누는 수와 몫을 곱하면 나누어지는 수의 ?의 값이 나와요

 바빠 꿀팁

• 무당벌레 모양 을 그리면 곱셈식과 나눗셈식에서 ☐ 의 값을 구하기 쉬워요!

❶ 아래 두 수를 곱하면 위의 수가 돼요.
☐×6=2.4 ➡ 2.4÷6=☐, ☐=0.4

❷ 위의 수를 아래의 한 수로 나누면 남은 수가 돼요.
2.4÷☐=6 ➡ 2.4÷6=☐, ☐=0.4

곱셈과 나눗셈의 관계 그림을 보면서 ?의 값을 구해 봐요.

👣 ☐ 안에 알맞은 수를 써넣어 ?의 값을 구하세요.

❶

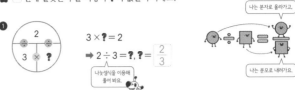

$$3 \times \boxed{?} = 2$$

➡ $2 \div 3 = ?, ? = \dfrac{2}{3}$

나눗셈식을 이용해 풀어 봐요.

나는 분자로 올라가고,
나는 분모로 내려가요.

❷

$$\boxed{?} \times 2 = \frac{4}{5}$$

➡ $\dfrac{4}{5} \div 2 = ?, ? = \dfrac{2}{5}$

↑ 기약분수로 나타내요.

분자가 나누는 자연수의 배수인 경우 분자를 자연수로 나눠요.
$$\frac{4}{5} \div 2 = \frac{4 \div 2}{5} = \frac{2}{5}$$
분모는 그대로!

❸

$$6 \times \boxed{?} = 7.2$$

➡ $7.2 \div 6 = ?, ? = \boxed{1.2}$

$$6 \overline{)7.2} \quad 1.2$$

❹

$$\boxed{?} \div 4 = \frac{1}{2}$$

➡ $4 \times \dfrac{1}{2} = ?, ? = \boxed{2}$

약분이 되면 약분하여 간단히 나타내요.

곱셈식을 이용해 풀어 봐요.

❺

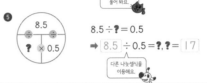

$$8.5 \div \boxed{?} = 0.5$$

➡ $8.5 \div 0.5 = ?, ? = \boxed{17}$

다른 나눗셈식을 이용해요.

B

▲×?=■ ?×▲=■
■÷▲=? ■÷▲=?

곱셈과 나눗셈의 관계를 이용하여 모르는 값을 맨 오른쪽으로 보내면 돼요.

👣 ☐ 안에 알맞은 수를 써넣어 ?의 값을 구하세요.

❶ $8 \times ? = 3$ ← 두 수의 곱

➡ $3 \div 8 = ?, ? = \dfrac{3}{8}$

두 수의 곱을 곱하는 한 수로 나누면 다른 수가 나와요.

❷ $? \times 6 = 5$

➡ $5 \div 6 = ?, ? = \dfrac{5}{6}$

❸ $3 \times ? = \dfrac{6}{7}$

➡ $\dfrac{6}{7} \div 3 = ?, ? = \dfrac{2}{7}$

❹ $? \times 2 = \dfrac{8}{9}$

➡ $\dfrac{8}{9} \div 2 = ?, ? = \dfrac{4}{9}$

❺ $7 \times ? = \dfrac{7}{10}$

➡ $\dfrac{7}{10} \div 7 = ?, ? = \dfrac{1}{10}$

❻ $? \times 5 = \dfrac{10}{11}$

➡ $\dfrac{10}{11} \div 5 = ?, ? = \dfrac{2}{11}$

❼ $6 \times ? = 9.6$

➡ $9.6 \div 6 = ?, ? = \boxed{1.6}$

❽ $? \times 8 = 11.2$

➡ $11.2 \div 8 = ?, ? = \boxed{1.4}$

❾ $12 \times ? = 27.6$

➡ $\boxed{27.6} \div \boxed{12} = ?, ? = \boxed{2.3}$

❿ $? \times 15 = 40.5$

➡ $\boxed{40.5} \div \boxed{15} = ?, ? = \boxed{2.7}$

C

?÷▲=● ■÷?=●
▲×●=? ■÷●=?

곱셈과 나눗셈의 관계를 이용하여 ?의 값을 구해 보세요.

👣 ☐ 안에 알맞은 수를 써넣어 ?의 값을 구하세요.

❶ $? \div 2 = \dfrac{1}{3}$ ← 나누어지는 수

➡ $2 \times \dfrac{1}{3} = ?, ? = \dfrac{2}{3}$

나누는 수와 몫을 곱하면 나누어지는 수가 나와요.

❷ $\dfrac{4}{5} \div ? = 4$

➡ $\dfrac{4}{5} \div 4 = ?, ? = \dfrac{1}{5}$

나누어지는 수를 몫으로 나누면 나누는 수가 나와요.

❸ $? \div \dfrac{1}{2} = 6$

➡ $\dfrac{1}{2} \times 6 = ?, ? = \boxed{3}$

❹ $\dfrac{9}{10} \div ? = 3$

➡ $\dfrac{9}{10} \div 3 = ?, ? = \dfrac{3}{10}$

❺ $? \div \dfrac{1}{4} = 2$

➡ $\boxed{\dfrac{1}{4}} \times 2 = ?, ? = \dfrac{1}{2}$

❻ $\dfrac{14}{15} \div ? = 7$

➡ $\boxed{\dfrac{14}{15}} \div 7 = ?, ? = \dfrac{2}{15}$

❼ $? \div 4 = 1.3$

➡ $4 \times \boxed{1.3} = ?, ? = \boxed{5.2}$

❽ $9.5 \div ? = 5$

➡ $9.5 \div 5 = ?, ? = \boxed{1.9}$

❾ $? \div 2.6 = 8$

➡ $\boxed{2.6} \times 8 = ?, ? = \boxed{20.8}$

❿ $28.8 \div ? = 12$

➡ $\boxed{28.8} \div \boxed{12} = ?, ? = \boxed{2.4}$

야호! 게임처럼 즐기는 **연산 놀이터**
다양한 유형의 문제로 즐겁게 마무리해요.

🐾 ◆의 값과 관계있는 것끼리 선으로 이어 보세요.

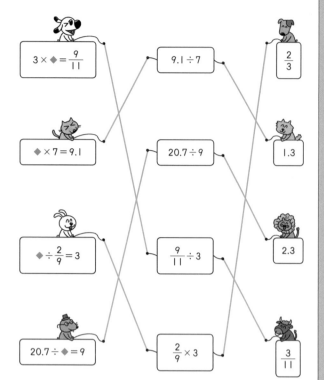

$3 \times ◆ = \dfrac{9}{11}$

$9.1 \div 7$

$\dfrac{2}{3}$

$◆ \times 7 = 9.1$

$20.7 \div 9$

1.3

$◆ \div \dfrac{2}{9} = 3$

$\dfrac{9}{11} \div 3$

2.3

$20.7 \div ◆ = 9$

$\dfrac{2}{9} \times 3$

$\dfrac{3}{11}$

13 분수와 소수에서도 곱셈과 나눗셈의 관계가 통해

☼ ●에 알맞은 수 구하기

곱셈과 │나눗셈│의 관계를 이용하여 ●의 값을 구합니다.

• $4 \times ● = \dfrac{2}{3}$에서 ●의 값 구하기

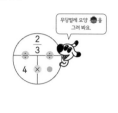
무당벌레 모양 🐞을 그려 봐요.

$4 \times ● = \dfrac{2}{3}$

$\dfrac{2}{3} \div 4 = ●,\ \dfrac{2}{3} \times \dfrac{1}{4} = ● \rightarrow ● = \dfrac{1}{6}$

분수의 나눗셈을 분수의 곱셈으로 바꾼 다음 약분하면 계산이 훨씬 쉬워요.

• $● \div 5 = 2.7$에서 ●의 값 구하기

$● \div 5 = 2.7$

$5 \times 2.7 = ● \rightarrow ● = 13.5$

• $1\dfrac{1}{3} \div ● = 6$에서 ●의 값 구하기

$1\dfrac{1}{3} \div ● = 6$

$1\dfrac{1}{3} \div 6 = ●,\ \dfrac{\overset{2}{4}}{3} \times \dfrac{1}{\underset{3}{6}} = ● \rightarrow ● = \dfrac{2}{9}$

분수의 곱셈과 나눗셈을 할 때 대분수는 꼭 가분수로 바꿔야 해요.

🅰 곱셈식을 나눗셈식으로 나타내면 □ 안의 수를 구할 수 있어요.
□ 안의 수를 구하기 힘들다면 아래와 같이 쉬운 수로 생각해 봐요!
$2 \times □ = 8 \Rightarrow 8 \div 2 = □,\ □ = 4$

🐾 □ 안에 알맞은 수를 써넣으세요.

❶ $2 \times \boxed{\dfrac{1}{6}} = \dfrac{1}{3}$ ⟨$2 \times □ = \dfrac{1}{3}$ / $\dfrac{1}{3} \div 2 = □$⟩

$\dfrac{1}{3} \div 2 = □,$

$□ = \dfrac{1}{6}$

÷(자연수)를 $\times \dfrac{1}{(자연수)}$로 바꿔서 계산해요.
$\dfrac{1}{3} \div 2 \Rightarrow \dfrac{1}{3} \times \dfrac{1}{2}$

❷ $\boxed{\dfrac{2}{15}} \times 5 = \dfrac{2}{3}$ ⟨$□ \times 5 = \dfrac{2}{3}$ / $\dfrac{2}{3} \div 5 = □$⟩

$\dfrac{2}{3} \div 5 = □,$

$□ = \dfrac{2}{15}$

❸ $4 \times \boxed{\dfrac{3}{22}} = \dfrac{6}{11}$ ⟨$\dfrac{6}{11} \div 4 = □$⟩

$\dfrac{6}{11} \div 4 = □,\ □ = \dfrac{3}{22}$

❹ $\boxed{\dfrac{1}{5}} \times 3 = \dfrac{3}{5}$

❺ $10 \times \boxed{\dfrac{1}{8}} = 1\dfrac{1}{4}$

❻ $\boxed{1.2} \times 7 = 8.4$

❼ $4 \times \boxed{3.2} = 12.8$

❽ $\boxed{0.26} \times 9 = 2.34$

❾ $3 \times \boxed{2.18} = 6.54$

🅱 나눗셈식을 곱셈식 또는 다른 나눗셈식으로 나타내면 □ 안의 수를 구할 수 있어요.
□ 안의 수를 구하기 힘들다면 아래와 같이 쉬운 수로 생각해 봐요!
$□ \div 2 = 3 \Rightarrow 2 \times 3 = □,\ □ = 6$ $6 \div □ = 2 \Rightarrow 6 \div 2 = □,\ □ = 3$

🐾 □ 안에 알맞은 수를 써넣으세요.

❶ $\boxed{\dfrac{3}{4}} \div 2 = \dfrac{3}{8}$ ⟨$□ \div 2 = \dfrac{3}{8}$ / $2 \times \dfrac{3}{8} = □$⟩

$2 \times \dfrac{3}{8} = □,$

$□ = \dfrac{3}{4}$

❷ $\dfrac{6}{7} \div \boxed{\dfrac{2}{7}} = 3$ ⟨$\dfrac{6}{7} \div □ = 3$ / $\dfrac{6}{7} \div 3 = □$⟩

$\dfrac{6}{7} \div 3 = □,$

$□ = \dfrac{2}{7}$

❸ $\boxed{\dfrac{2}{3}} \div 6 = \dfrac{1}{9}$ ⟨$6 \times \dfrac{1}{9} = □$⟩

$6 \times \dfrac{1}{9} = □,\ □ = \dfrac{2}{3}$

❹ $1\dfrac{3}{4} \div \boxed{\dfrac{1}{4}} = 7$ ⟨$1\dfrac{3}{4} \div □ = 7$⟩

$1\dfrac{3}{4} \div 7 = □,\ □ = \dfrac{1}{4}$

❺ $\boxed{12} \div 8 = 1\dfrac{1}{2}$

❻ $2\dfrac{2}{5} \div \boxed{\dfrac{2}{15}} = 18$

❼ $\boxed{8.4} \div 3 = 2.8$

❽ $22.5 \div \boxed{4.5} = 5$

❾ $\boxed{5.24} \div 4 = 1.31$

❿ $8.72 \div \boxed{4.36} = 2$

$\frac{4}{5} \div \square = 2$
$\Rightarrow \frac{4}{5} \div 2 = \square$

곱셈과 나눗셈의 관계를 이용할 때 무당벌레 모양을 그리면 이해하기 쉬워요.

🐾 □ 안에 알맞은 수를 써넣으세요.

❶ $\frac{2}{9} \times 4 = \frac{8}{9}$ ◁ $\frac{8}{9} \div 4 = \square$
$\frac{8}{9} \div 4 = \square, \ \square = \frac{2}{9}$

❷ $\frac{3}{4} \div 5 = \frac{3}{20}$ ◁ $5 \times \frac{3}{20} = \square$
$5 \times \frac{3}{20} = \square, \ \square = \frac{3}{4}$

❸ $7 \times \boxed{\frac{3}{8}} = 2\frac{5}{8}$
$2\frac{5}{8} \div 7 = \square, \ \square = \frac{3}{8}$

❹ $2\frac{8}{9} \div \boxed{\frac{2}{9}} = 13$
$2\frac{8}{9} \div 13 = \square, \ \square = \frac{2}{9}$

❺ $\boxed{\frac{2}{5}} \times 11 = 4\frac{2}{5}$

❻ $\boxed{26} \div 2\frac{1}{6} = 12$

❼ $6 \times \boxed{1.3} = 7.8$

❽ $15.2 \div \boxed{3.8} = 4$

❾ $\boxed{1.42} \times 3 = 4.26$

❿ $\boxed{8.68} \div 7 = 1.24$

□ 안의 수를 구한 다음 답이 맞는지 확인하면 실수를 줄일 수 있어요.

$\frac{1}{6} \times \square = 3 \Rightarrow 3 \div \frac{1}{6} = \square, \ \square = 18$ 확인 $\frac{1}{6} \times 18 = 3$

🐾 □ 안에 알맞은 수를 써넣으세요.

❶ $14 \times \boxed{\frac{1}{12}} = 1\frac{1}{6}$
$1\frac{1}{6} \div 14 = \square, \ \square = \frac{1}{12}$

❷ $\boxed{15} \div 1\frac{2}{3} = 9$
$1\frac{2}{3} \times 9 = \square, \ \square = 15$

❸ $\boxed{\frac{3}{5}} \times 6 = 3\frac{3}{5}$
$3\frac{3}{5} \div 6 = \square, \ \square = \frac{3}{5}$

❹ $2\frac{2}{9} \div \boxed{\frac{5}{18}} = 8$
$2\frac{2}{9} \div 8 = \square, \ \square = \frac{5}{18}$

❺ $10 \times \boxed{\frac{3}{16}} = 1\frac{7}{8}$

❻ $13\frac{1}{3} \div 1\frac{1}{9} = 12$

❼ $\boxed{4.37} \times 2 = 8.74$

❽ $7.45 \div \boxed{1.49} = 5$

❾ $4 \times \boxed{2.38} = 9.52$

잘하고 있어요! □ 안의 수를 구한 다음 답이 맞는지 확인까지 하면 완벽하겠죠?

야호! 게임처럼 즐기는 **연산 놀이터**
다양한 유형의 문제로 즐겁게 마무리해요.

🐾 사다리 타기 놀이를 하고 있습니다. ❓에 알맞은 수를 사다리로 연결된 강아지에게 써넣으세요.

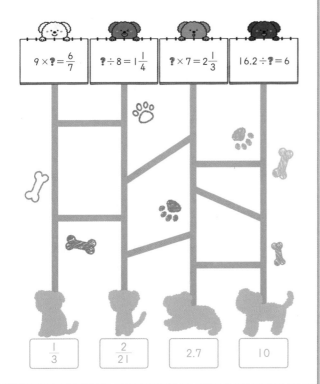

$9 \times ❓ = \frac{6}{7}$ | $❓ \div 8 = 1\frac{1}{4}$ | $❓ \times 7 = 2\frac{1}{3}$ | $16.2 \div ❓ = 6$

$\frac{1}{3}$ | $\frac{2}{21}$ | 2.7 | 10

14 곱셈식과 나눗셈식에서 어떤 수 구하기 집중 연습!

☆ ●에 알맞은 수 구하기

• $\frac{3}{4} \times ● = 1\frac{1}{2}$ 에서 ●의 값 구하기

$$\frac{3}{4} \times ● = 1\frac{1}{2}$$

$1\frac{1}{2} \div \frac{3}{4} = ●$, $\frac{3}{2} \times \frac{4}{3} = ● \Rightarrow ● = 2$

대분수는 가분수로 바꾸고, 나눗셈은 곱셈으로 바꾼 다음 계산해요.

분수의 나눗셈을 분수의 곱셈으로 바꿀 땐 나누는 수를 뒤집어!

• $● \div 1.2 = 2.3$ 에서 ●의 값 구하기

$$● \div 1.2 = 2.3$$

$1.2 \times 2.3 = ● \Rightarrow ● = 2.76$

곱하는 두 수의 소수점 아래 자리 수의 합에 맞춰 소수점을 콕!

 바빠 꿀팁

• 어떤 수에 곱한 것은 나누고, 나눈 것은 곱하는 '거꾸로 생각하기' 전략

$\square \times 0.4 = 0.12$
$\Rightarrow 0.12 \div 0.4 = \square$
'어떤 수에 0.4를 곱하면 0.12가 된다.'를 계산 결과에서부터 거꾸로 생각하면 '0.12를 0.4로 나누면 어떤 수가 된다.'예요.

$\square \div 0.6 = 1.5$
$\Rightarrow 1.5 \times 0.6 = \square$
'어떤 수를 0.6으로 나누면 1.5가 된다.'를 계산 결과에서부터 거꾸로 생각하면 '1.5에 0.6을 곱하면 어떤 수가 된다.'예요.

A 곱셈식을 나눗셈식으로 나타내면 □ 안의 수를 구할 수 있어요.
▲×□=■ ➡ ■÷▲=□

 B 나눗셈식을 곱셈식 또는 다른 나눗셈식으로 나타내면 □ 안의 수를 구할 수 있어요.
●÷▲=■ ➡ ▲×■=● ➡ ●÷■=□

🐾 □ 안에 알맞은 수를 써넣으세요.

❶ $\frac{2}{3} \times \boxed{\frac{1}{4}} = \frac{1}{6}$
$\frac{1}{6} \div \frac{2}{3} = \square,$
$\square = \frac{1}{4}$

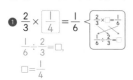
분수의 나눗셈은 곱셈으로 바꿔서 계산해요
$\frac{1}{6} \div \frac{2}{3} \Rightarrow \frac{1}{6} \times \frac{3}{2}$

❷ $\boxed{\frac{4}{9}} \times \frac{3}{5} = \frac{4}{15}$
$\frac{4}{15} \div \frac{3}{5} = \square,$
$\square = \frac{4}{9}$

❸ $1\frac{1}{2} \times \boxed{\frac{1}{6}} = \frac{1}{4}$
$\frac{1}{4} \div 1\frac{1}{2} = \square, \square = \frac{1}{6}$

❹ $\boxed{\frac{1}{2}} \times 1\frac{1}{4} = \frac{5}{8}$

❺ $1\frac{1}{7} \times \boxed{1\frac{2}{5}} = 1\frac{3}{5}$

❻ $\boxed{9} \times 0.7 = 6.3$

❼ $3.5 \times \boxed{3} = 10.5$

❽ $\boxed{6} \times 0.24 = 1.44$

❾ $0.61 \times \boxed{12} = 7.32$

🐾 □ 안에 알맞은 수를 써넣으세요.

❶ $\frac{2}{9} \div \boxed{\frac{1}{4}} = \frac{8}{9}$
$\frac{1}{4} \times \frac{8}{9} = \square,$
$\square = \frac{2}{9}$

❷ $\frac{3}{5} \div \boxed{\frac{2}{3}} = \frac{9}{10}$
$\frac{3}{5} \div \frac{9}{10} = \square,$
$\square = \frac{2}{3}$

❸ $\boxed{\frac{1}{4}} \div \frac{3}{7} = \frac{7}{12}$
$\frac{3}{7} \times \frac{7}{12} = \square, \square = \frac{1}{4}$

❹ $\frac{7}{10} \div \boxed{\frac{7}{18}} = 1\frac{4}{5}$
$\frac{7}{10} \div 1\frac{4}{5} = \square, \square = \frac{7}{18}$

❺ $\boxed{\frac{1}{6}} \div 1\frac{3}{4} = \frac{2}{21}$

❻ $1\frac{5}{6} \div \boxed{\frac{2}{3}} = 2\frac{3}{4}$

❼ $\boxed{1.68} \div 0.6 = 2.8$

❽ $29.4 \div \boxed{7} = 4.2$

❾ $\boxed{0.91} \div 3.5 = 0.26$

❿ $9.62 \div \boxed{13} = 0.74$

 C □ 안의 수를 구한 다음 답이 맞는지 확인하면 실수를 줄일 수 있어요.
$\square \times \frac{1}{2} = \frac{1}{3} \Rightarrow \frac{1}{3} \div \frac{1}{2} = \square, \square = \frac{2}{3}$ 확인 $\frac{2}{3} \times \frac{1}{2} = \frac{1}{3}$

 D 이번 연습을 통해 여러분의 계산력이 쑥쑥 커질 거예요!

🐾 □ 안에 알맞은 수를 써넣으세요.

❶ $\boxed{4} \times \frac{3}{8} = 1\frac{1}{2}$
$1\frac{1}{2} \div \frac{3}{8} = \square, \square = 4$

❷ $1\frac{1}{4} \div 1\frac{3}{7} = \frac{7}{8}$
계산 결과가 가분수이면 대분수로 나타내요.
$1\frac{3}{7} \times \frac{7}{8} = \square, \square = 1\frac{1}{4}$

❸ $1\frac{5}{6} \times \boxed{1\frac{1}{5}} = 2\frac{1}{5}$
$2\frac{1}{5} \div 1\frac{5}{6} = \square, \square = 1\frac{1}{5}$

❹ $1\frac{3}{4} \div \boxed{\frac{7}{9}} = 2\frac{1}{4}$
$1\frac{3}{4} \div 2\frac{1}{4} = \square, \square = \frac{7}{9}$

❺ $\boxed{\frac{1}{3}} \times 5\frac{1}{3} = 1\frac{7}{9}$

❻ $\boxed{2\frac{1}{4}} \div 2\frac{1}{10} = 1\frac{1}{14}$

❼ $1.5 \times \boxed{9} = 13.5$

❽ $31.5 \div \boxed{45} = 0.7$

❾ $\boxed{1.4} \times 5.4 = 7.56$

❿ $\boxed{1.17} \div 6.5 = 0.18$

🐾 □ 안에 알맞은 수를 써넣으세요.

❶ $\boxed{\frac{7}{15}} \times 1\frac{2}{3} = \frac{7}{9}$
$\frac{7}{9} \div 1\frac{2}{3} = \square, \square = \frac{7}{15}$

❷ $\boxed{\frac{9}{10}} \div \frac{3}{8} = 2\frac{2}{5}$
$\frac{3}{8} \times 2\frac{2}{5} = \square, \square = \frac{9}{10}$

❸ $1\frac{1}{7} \times \boxed{\frac{15}{16}} = 1\frac{1}{14}$
$1\frac{1}{14} \div 1\frac{1}{7} = \square, \square = \frac{15}{16}$

❹ $3\frac{1}{3} \div \boxed{\frac{4}{5}} = 4\frac{1}{6}$
$3\frac{1}{3} \div 4\frac{1}{6} = \square, \square = \frac{4}{5}$

❺ $\boxed{1\frac{1}{5}} \times 2\frac{1}{4} = 2\frac{7}{10}$

❻ $\boxed{2\frac{1}{12}} \div 1\frac{7}{8} = 1\frac{1}{9}$

❼ $4.2 \times \boxed{1.7} = 7.14$

❽ $8.06 \div \boxed{2.6} = 3.1$

❾ $\boxed{2.3} \times 2.5 = 5.75$

여기까지 오느라 정말 수고했어요! 조금만 더 힘내요!

야호! 게임처럼 즐기는 **연산 놀이터**
다양한 유형의 문제로 즐겁게 마무리해요.

🐾 ❓의 값이 적힌 길을 따라가면 보물을 찾을 수 있어요. 빠독이가 가야 할 길을 표시해 보세요.

곱셈과 나눗셈의 관계를 이용해요!

$❓ \div \dfrac{3}{4} = \dfrac{2}{5}$

$\dfrac{3}{10}$

$\dfrac{8}{15}$

$\dfrac{5}{6} \times ❓ = 1\dfrac{1}{2}$

$1\dfrac{1}{4}$

$1\dfrac{2}{5}$

$4\dfrac{4}{5}$

$6.8 \div ❓ = 1.7$

4

0.4

'곱셈식과 나눗셈식에서 어떤 수 구하기' 이제 자신감이 생겼나요?

---

15 모르는 수가 2개면 알 수 있는 것부터 차례로 구해

☆ ●와 ▲에 알맞은 수 구하기

$● \div 1.7 = 3$

$● \times ▲ = 20.4$

1단계 모르는 수가 ❘개인 식 먼저 계산합니다.

$● \div 1.7 = 3$

$1.7 \times 3 = ●$

➡ $● = 5.1$

2단계 구한 수를 이용하여 나머지 수를 구합니다.

$● \times ▲ = 20.4$

$5.1 \times ▲ = 20.4$

$20.4 \div 5.1 = ▲$

➡ $▲ = 4$

●=5.1이므로 ● 대신 5.1을 넣어요.

3단계 답이 맞는지 확인합니다.

$5.1 \div 1.7 = ③$

$5.1 \times 4 = 20.4$

어떤 수를 구한 다음 답이 맞는지 확인까지 하면 완벽하겠죠?

바빠 꿀팁!

• =(등호)를 기준으로 기호를 바꿔요.

$● \times ■ = ★$ ⟶ $● = ★ \div ■$

$● = ▲ \div ■$

$● \div ■ = ★$ ⟶ $● = ★ \times ■$

$● = ▲ \times ■$

➡ =(등호)의 반대쪽으로 이동할 때, ×■는 ÷■가 되고 ÷■는 ×■가 돼요.

A $■ \times ❓ = ★$ $❓ \times ■ = ★$
$☆ \div ❓ = ■$ $★ \div ■ = ❓$

🐾 ●와 ▲에 알맞은 수를 각각 구하세요.

모르는 수가 ❘개인 곱셈식을 나눗셈식으로 나타내 ●의 값을 먼저 구해 봐요.

①
$● \times 5 = 6.5$ 6.5÷5=●
$0.4 \times ● = ▲$

● : 1.3 , ▲ : 0.52
●×5=6.5, 6.5÷5=●, ●=1.3
0.4×1.3=▲, ▲=0.52

②
$1.2 \times ● = 8.4$
$17.5 \div ● = ▲$

● : 7 , ▲ : 2.5
1.2×●=8.4, 8.4÷1.2=●, ●=7
17.5÷7=▲, ▲=2.5

③
$3 \times ● = \dfrac{6}{7}$
$● \times \dfrac{1}{4} = ▲$

● : $\dfrac{2}{7}$, ▲ : $\dfrac{1}{14}$
3×●=$\frac{6}{7}$, $\frac{6}{7}$÷3=●, ●=$\frac{2}{7}$
$\frac{2}{7}$×$\frac{1}{4}$=▲, ▲=$\frac{1}{14}$

④
$● \times 6 = 1\dfrac{1}{3}$
$\dfrac{1}{12} \div ● = ▲$

● : $\dfrac{2}{9}$, ▲ : $\dfrac{3}{8}$
●×6=$1\frac{1}{3}$, $1\frac{1}{3}$÷6=●, ●=$\frac{2}{9}$
$\frac{1}{12}$÷$\frac{2}{9}$=▲, ▲=$\frac{3}{8}$

⑤
$● \times 1\dfrac{1}{4} = \dfrac{5}{8}$
$2\dfrac{2}{5} \times ● = ▲$

● : $\dfrac{1}{2}$, ▲ : $1\dfrac{1}{5}$

⑥
$4\dfrac{1}{5} \times ● = 1\dfrac{1}{2}$
$1\dfrac{3}{7} \div ● = ▲$

● : $\dfrac{5}{14}$, ▲ : 4

B $❓ \div ■ = ★$ $■ \div ❓ = ★$
$■ \times ❓ = ★$ $❓ \div ★ = ■$

🐾 ●와 ▲에 알맞은 수를 각각 구하세요.

모르는 수가 ❘개인 나눗셈식을 곱셈식 또는 다른 나눗셈식으로 나타내 ●의 값을 먼저 구해 봐요.

①
$● \div 4 = 1.7$ 4×1.7=●
$20.4 \div ● = ▲$

● : 6.8 , ▲ : 3
●÷4=1.7, 4×1.7=●, ●=6.8
20.4÷6.8=▲, ▲=3

②
$19.2 \div ● = 2.4$ 19.2÷2.4=●
$● \times 0.53 = ▲$

● : 8 , ▲ : 4.24
19.2÷●=2.4, 19.2÷2.4=●, ●=8
8×0.53=▲, ▲=4.24

③
$\dfrac{4}{5} \div ● = 2$
$● \div \dfrac{8}{15} = ▲$

● : $\dfrac{2}{5}$, ▲ : $\dfrac{3}{4}$
$\frac{4}{5}$÷●=2, $\frac{4}{5}$÷2=●, ●=$\frac{2}{5}$
$\frac{2}{5}$÷$\frac{8}{15}$=▲, ▲=$\frac{3}{4}$

④
$● \div 4 = \dfrac{3}{20}$
$1\dfrac{3}{7} \times ● = ▲$

● : $\dfrac{3}{5}$, ▲ : $\dfrac{6}{7}$
●÷4=$\frac{3}{20}$, 4×$\frac{3}{20}$=●, ●=$\frac{3}{5}$
$1\frac{3}{7}$×$\frac{3}{5}$=▲, ▲=$\frac{6}{7}$

⑤
$● \div \dfrac{2}{9} = 1\dfrac{1}{2}$
$1\dfrac{1}{6} \div ● = ▲$

● : $\dfrac{1}{3}$, ▲ : $3\dfrac{1}{2}$

⑥
$1\dfrac{5}{6} \div ● = 1\dfrac{3}{8}$
$● \times 3\dfrac{3}{4} = ▲$

● : $1\dfrac{1}{3}$, ▲ : 5

모르는 수가 1개인 식부터 시작하면 돼요.
●와 ▲에 알맞은 수를 구한 다음 답이 맞는지 확인하는 습관을 길러 보세요!

다양한 유형의 문제로 즐겁게 마무리해요.

🐾 ●와 ▲에 알맞은 수를 각각 구하세요.

1
$3.6 × ● = 25.2$
$● × ▲ = 11.2$

●:   7 , ▲:   1.6
$3.6 × ● = 25.2, 25.2 ÷ 3.6 = ●, ● = 7$
$7 × ▲ = 11.2, 11.2 ÷ 7 = ▲, ▲ = 1.6$

2
$● × 0.6 = 3.12$
$● ÷ ▲ = 1.3$

●:   5.2 , ▲:   4
$● × 0.6 = 3.12, 3.12 ÷ 0.6 = ●, ● = 5.2$
$5.2 ÷ ▲ = 1.3, 5.2 ÷ 1.3 = ▲, ▲ = 4$

3
$1\frac{2}{3} ÷ ● = 2$
$● ÷ ▲ = \frac{5}{8}$

●: $\frac{5}{6}$, ▲: $1\frac{1}{3}$
$1\frac{2}{3} ÷ ● = 2, 1\frac{2}{3} ÷ 2 = ●, ● = \frac{5}{6}$
$\frac{5}{6} ÷ ▲ = \frac{5}{8}, \frac{5}{6} ÷ \frac{5}{8} = ▲, ▲ = 1\frac{1}{3}$

4
$● ÷ \frac{3}{7} = 2\frac{4}{5}$
$● × ▲ = \frac{4}{15}$

●: $1\frac{1}{5}$, ▲: $\frac{2}{9}$
$● ÷ \frac{3}{7} = 2\frac{4}{5}, \frac{3}{7} × 2\frac{4}{5} = ●, ● = 1\frac{1}{5}$
$1\frac{1}{5} × ▲ = \frac{4}{15}, \frac{4}{15} ÷ 1\frac{1}{5} = ▲, ▲ = \frac{2}{9}$

5
$2\frac{1}{4} × ● = 1\frac{1}{6}$
$● × ▲ = 1\frac{5}{9}$

●: $\frac{14}{27}$, ▲: 3

6
$● × 1\frac{5}{8} = 1\frac{3}{10}$
$● ÷ ▲ = 3\frac{1}{5}$

●: $\frac{4}{5}$, ▲: $\frac{1}{4}$

🐾 다음 식의 각 기호의 값에 해당하는 글자를 보기 에서 찾아 아래 표의 빈칸에 차례로 써넣으면 고사성어가 완성됩니다. 완성된 고사성어를 쓰세요.

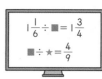

$0.23 × ● = 1.61$
$● × 3.5 = ▲$

$0.23 × ● = 1.61,$
$1.61 ÷ 0.23 = ●, ● = 7$
$7 × 3.5 = ▲, ▲ = 24.5$

$1\frac{1}{6} ÷ ■ = 1\frac{3}{4}$
$■ ÷ ★ = \frac{4}{9}$

$1\frac{1}{6} ÷ ■ = 1\frac{3}{4}$
$1\frac{1}{6} ÷ 1\frac{3}{4} = ■, ■ = \frac{2}{3}$
$\frac{2}{3} ÷ ★ = \frac{4}{9},$
$\frac{2}{3} ÷ \frac{4}{9} = ★, ★ = 1\frac{1}{2}$

보기

$\frac{8}{27}$	7	$1\frac{1}{2}$	$\frac{2}{3}$	2	24.5
치	새	마	지	오	옹

●	▲	■	★
새	옹	지	마

완성된 고사성어는 '복이 불행을 부르기도 하고, 불행이 복을 부르기도 하는 것처럼 앞날은 알 수 없다'는 뜻이에요.

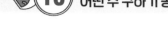

섞어 연습하기

16 곱셈식과 나눗셈식에서 어떤 수 구하기 종합 문제

🐾 ☐ 안에 알맞은 수를 써넣어 **?**의 값을 구하세요.

1 $3 × ? = \frac{9}{10}$

➡ $\boxed{\frac{9}{10}} ÷ 3 = ?, ? = \boxed{\frac{3}{10}}$

2 $? ÷ \frac{1}{4} = 16$

➡ $\boxed{\frac{1}{4}} × \boxed{16} = ?, ? = \boxed{4}$

3 $? × 7 = 9.1$

➡ $\boxed{9.1} ÷ \boxed{7} = ?, ? = \boxed{1.3}$

4 $25.2 ÷ ? = 6$

➡ $\boxed{25.2} ÷ \boxed{6} = ?, ? = \boxed{4.2}$

🐾 ☐ 안에 알맞은 수를 써넣으세요.

5 $10 × \boxed{\frac{1}{8}} = 1\frac{1}{4}$

$1\frac{1}{4} ÷ 10 = □, □ = \frac{1}{8}$

6 $\boxed{26} ÷ 2\frac{1}{6} = 12$

$2\frac{1}{6} × 12 = □, □ = 26$

7 $\boxed{3.4} × 8 = 27.2$

$27.2 ÷ 8 = □, □ = 3.4$

8 $37.8 ÷ \boxed{5.4} = 7$

$37.8 ÷ 7 = □, □ = 5.4$

🐾 ☐ 안에 알맞은 수를 써넣으세요.

1 $\frac{4}{5} × \boxed{\frac{2}{3}} = \frac{8}{15}$

$\frac{8}{15} ÷ \frac{4}{5} = □, □ = \frac{2}{3}$

2 $\frac{1}{6} ÷ \boxed{\frac{7}{9}} = \frac{3}{14}$

$\frac{7}{9} × \frac{3}{14} = □, □ = \frac{1}{6}$

3 $\boxed{\frac{8}{15}} × 1\frac{2}{3} = \frac{8}{9}$

$\frac{8}{9} ÷ 1\frac{2}{3} = □, □ = \frac{8}{15}$

4 $\frac{4}{5} ÷ \boxed{\frac{1}{3}} = 2\frac{2}{5}$

$\frac{4}{5} ÷ 2\frac{2}{5} = □, □ = \frac{1}{3}$

5 $4\frac{2}{3} × \boxed{\frac{9}{16}} = 2\frac{5}{8}$

6 $\boxed{4\frac{1}{2}} ÷ 1\frac{4}{11} = 3\frac{3}{10}$

7 $\boxed{9} × 1.8 = 16.2$

8 $53.3 ÷ \boxed{13} = 4.1$

9 $0.26 × \boxed{14} = 3.64$

10 $\boxed{5.25} ÷ 3.5 = 1.5$

섞어서 연습해요!

 16

●와 ▲에 알맞은 수를 각각 구하세요.

 모르는 수가 1개인 식을 먼저 계산하면 돼요.

①
$$1.3 \times ● = 7.8$$
$$25.8 \div ● = ▲$$

● : __6__ , ▲ : __4.3__

$1.3 \times ●=7.8, 7.8 \div 1.3=●, ●=6$
$25.8 \div 6=▲, ▲=4.3$

②
$$21.6 \div ● = 2.7$$
$$● \times 0.34 = ▲$$

● : __8__ , ▲ : __2.72__

$21.6 \div ●=2.7, 21.6 \div 2.7=●, ●=8$
$8 \times 0.34=▲, ▲=2.72$

③
$$● \times 7 = 2\frac{1}{3}$$
$$\frac{6}{7} \times ● = ▲$$

● : $\dfrac{1}{3}$, ▲ : $\dfrac{2}{7}$

$●\times 7=2\frac{1}{3}, 2\frac{1}{3}\div 7=●, ●=\frac{1}{3}$
$\frac{6}{7}\times\frac{1}{3}=▲, ▲=\frac{2}{7}$

④
$$● \div 1\frac{1}{2} = \frac{4}{9}$$
$$1\frac{1}{6} \div ● = ▲$$

● : $\dfrac{2}{3}$, ▲ : $1\dfrac{3}{4}$

$●\div 1\frac{1}{2}=\frac{4}{9}, 1\frac{1}{2}\times\frac{4}{9}=●, ●=\frac{2}{3}$
$1\frac{1}{6}\div\frac{2}{3}=▲, ▲=1\frac{3}{4}$

⑤
$$● \times 4\frac{2}{3} = 2\frac{5}{8}$$
$$● \div ▲ = \frac{3}{16}$$

● : $\dfrac{9}{16}$, ▲ : __3__

⑥
$$● \div \frac{3}{4} = 1\frac{1}{6}$$
$$● \times ▲ = \frac{14}{15}$$

● : $\dfrac{7}{8}$, ▲ : $1\dfrac{1}{15}$

계산을 바르게 한 친구를 모두 찾아 ◯표 하세요.

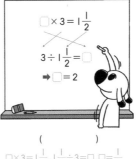

( )

$□\times 3=1\frac{1}{2}, 1\frac{1}{2}\div 3=□, □=\frac{1}{2}$

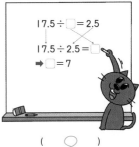

(◯)

$17.5\div□=2.5, 17.5\div 2.5=□, □=7$

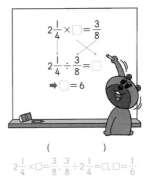

( )

$2\frac{1}{4}\times□=\frac{3}{8}, \frac{3}{8}\div 2\frac{1}{4}=□, □=\frac{1}{6}$

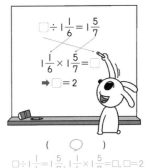

(◯)

$□\div 1\frac{1}{6}=1\frac{5}{7}, 1\frac{1}{6}\times 1\frac{5}{7}=□, □=2$

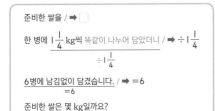 활용 문장제

17

**모르는 수를 □로 써서
곱셈식 또는 나눗셈식을 세워**

☆ 어떤 수 구하기 문장제

준비한 쌀을 한 병에 $1\frac{1}{4}$ kg씩 똑같이 나누어 담았더니 6병에 남김없이 담겼습니다. 준비한 쌀은 몇 kg일까요?

 1단계 문장을 /로 끊어 읽고 조건을 수와 연산 기호로 나타냅니다.

준비한 쌀을 / ➡ □

한 병에 $1\frac{1}{4}$ kg씩 똑같이 나누어 담았더니 / ➡ $\div 1\frac{1}{4}$
$\div 1\frac{1}{4}$

6병에 남김없이 담겼습니다. / ➡ =6
=6

준비한 쌀은 몇 kg일까요?

2단계 하나의 식으로 나타냅니다.

$$□ \div 1\frac{1}{4} = 6$$

 준비한 쌀의 무게를 모르니까 □kg이라 하고 식으로 나타내면 돼요.

3단계 곱셈과 나눗셈의 관계를 이용하여 □ 안의 수를 구합니다.

$$□ \div 1\frac{1}{4} = 6$$

$1\frac{1}{4}\times 6=□, \frac{5}{4}\times\overset{3}{\underset{2}{\cancel{6}}}=□ ➡ □=\frac{15}{2}=7\frac{1}{2}$

➡ 준비한 쌀의 무게 : $7\frac{1}{2}$ kg ← 답에 단위를 쓰는 것도 잊지 말아요!

 A

어떤 수를 □라 하여 곱셈식 또는 나눗셈식으로 나타내고 □를 구하면 돼요.

□를 사용하여 하나의 식으로 나타내어 답을 구하세요.

① 어떤 수에 4를 곱했더니 $\frac{6}{7}$이 되었습니다. 어떤 수는 얼마일까요?

식 $\boxed{□} \times 4 = \frac{6}{7}$

$\frac{6}{7}\div 4=□, □=\frac{3}{14}$

답 $\dfrac{3}{14}$

• 어떤 수에 ➡ □
• 4를 곱했더니 ➡ $\times 4$
• $\frac{6}{7}$이 되었다 ➡ $=\frac{6}{7}$

 어떤 수 $\boxed{□}\times 4=\frac{6}{7}$

어떤 수를 □라 하는 게 핵심이에요.

② 22.4를 어떤 수로 나누었더니 몫이 7이 되었습니다. 어떤 수는 얼마일까요?

식 $22.4 \div □ = 7$

$22.4\div 7=□, □=3.2$

답 __3.2__

③ 어떤 수를 $\frac{2}{9}$로 나누었더니 $1\frac{1}{2}$이 되었습니다. 어떤 수는 얼마일까요?

식 $□ \div \frac{2}{9} = 1\frac{1}{2}$

$\frac{2}{9}\times 1\frac{1}{2}=□, □=\frac{1}{3}$

답 $\dfrac{1}{3}$

④ 0.53에 어떤 수를 곱했더니 4.77이 되었습니다. 어떤 수는 얼마일까요?

식 $0.53 \times □ = 4.77$

$4.77\div 0.53=□, □=9$

답 __9__

도형의 둘레 또는 넓이를 구하는 곱셈식을 먼저 세워 보세요.

🐾 □를 사용하여 곱셈식으로 나타내어 답을 구하세요.

① 둘레가 $1\frac{1}{4}$ cm인 정오각형의 한 변의 길이는 몇 cm일까요?

식 $\square \times 5 = 1\frac{1}{4}$

$1\frac{1}{4} \div 5 = \square, \square = \frac{1}{4}$

답 $\frac{1}{4}$ cm

• 정오각형의 둘레
(한 변의 길이)×(변의 개수)
➡ $\square \times 5$ cm

나는 정오각형!
5개의 변의 길이가 같아요.

단위를 꼭 쓰요!

② 넓이가 19.2 m²인 직사각형의 세로가 3.2 m라면 가로는 몇 m일까요?

식 $\square \times 3.2 = 19.2$

$19.2 \div 3.2 = \square, \square = 6$

답 6 m

• 직사각형의 넓이
(가로) × (세로)
➡ $\square \times 3.2$ m²

③ 넓이가 $\frac{8}{9}$ m²인 평행사변형의 밑변의 길이가 $1\frac{1}{3}$ m라면 높이는 몇 m일까요?

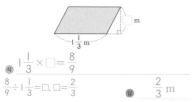

식 $1\frac{1}{3} \times \square = \frac{8}{9}$

$\frac{8}{9} \div 1\frac{1}{3} = \square, \square = \frac{2}{3}$

답 $\frac{2}{3}$ m

• 평행사변형의 넓이
(밑변의 길이) × (높이)
➡ $1\frac{1}{3} \times \square$ m²

모르는 수를 □라 하여 곱셈식으로 나타내고 □를 구하면 돼요.

🐾 □를 사용하여 곱셈식으로 나타내어 답을 구하세요.

① 무게가 같은 만두 6봉지의 무게를 재어 보았더니 $4\frac{1}{2}$ kg입니다. 만두 한 봉지의 무게는 몇 kg일까요?

식 $\square \times 6 = 4\frac{1}{2}$

$4\frac{1}{2} \div 6 = \square, \square = \frac{3}{4}$

답 $\frac{3}{4}$ kg

단위를 꼭 쓰요!

• 만두 6봉지의 무게
➡ $\square \times 6$ kg

만두 한 봉지의 무게를 모르니까 □ kg이라 하고 식으로 나타내면 돼요.

② 한 병에 $1\frac{1}{6}$ L씩 들어 있는 주스 몇 병의 양은 $4\frac{2}{3}$ L입니다. 주스는 모두 몇 병일까요?

식 $1\frac{1}{6} \times \square = 4\frac{2}{3}$

$4\frac{2}{3} \div 1\frac{1}{6} = \square, \square = 4$

답 4병

③ 윤서는 매일 공원에서 0.75 km씩 걷습니다. 윤서가 며칠 동안 걸은 거리가 모두 5.25 km라면 공원을 며칠 동안 걸은 것일까요?

식 $0.75 \times \square = 5.25$

$5.25 \div 0.75 = \square, \square = 7$

답 7일

모르는 수를 □라 하여 나눗셈식으로 나타내고 □를 구하면 돼요.

🐾 □를 사용하여 나눗셈식으로 나타내어 답을 구하세요.

① 식혜를 만들어 한 병에 $1\frac{7}{8}$ L씩 똑같이 나누어 담았더니 4병에 남김없이 담겼습니다. 만든 식혜는 몇 L일까요?

식 $\square \div 1\frac{7}{8} = 4$

$1\frac{7}{8} \times 4 = \square, \square = 7\frac{1}{2}$

답 $7\frac{1}{2}$ L

• 식혜를 만들어 ➡ □
• 한 병에 $1\frac{7}{8}$ L씩 똑같이 나누어 담았더니 ➡ $\div 1\frac{7}{8}$
• 4병에 남김없이 담겼다 ➡ $=4$

똑같이 나누었을 때 남는 것이 없다는 말은 '나눗셈이 나누어떨어진다'는 뜻이에요.

② 길이가 40.8 cm인 색 테이프를 일정한 길이로 잘랐더니 6도막이 되고 남은 것이 없었습니다. 자른 색 테이프 한 도막의 길이는 몇 cm일까요?

식 $40.8 \div \square = 6$

$40.8 \div 6 = \square, \square = 6.8$

답 6.8 cm

③ 딸기 $6\frac{2}{3}$ kg을 몇 명의 이웃에게 똑같이 나누어 주었더니 한 명이 $\frac{5}{6}$ kg씩 받고 남은 것이 없었습니다. 딸기를 받은 이웃은 모두 몇 명일까요?

식 $6\frac{2}{3} \div \square = \frac{5}{6}$

$6\frac{2}{3} \div \frac{5}{6} = \square, \square = 8$

답 8명

바르게 계산한 값을 구하려면 식을 두 번 세워야 해요.
어떤 수를 □라 하고 잘못된 식을 세워 어떤 수를 구한 다음 바른 식을 세워 값을 구해요.

🐾 □를 사용하여 하나의 식으로 나타내어 답을 구하세요.

① 어떤 수에 5를 곱해야 할 것을 잘못하여 나누었더니 몫이 2.5가 되었습니다. 바르게 계산한 값은 얼마일까요?

잘못된 식 $\square \div 5 = 2.5$

바른 식 $12.5 \times 5 = 62.5$

답 62.5

잘못된 식에서 구한 어떤 수의 값을 쓰요.

잘못된 식: $\square \div 5 = 2.5$, $5 \times 2.5 = \square, \square = 12.5$
바른 식: $12.5 \times 5 = 62.5$

[문제 푸는 순서]
□를 사용하여 잘못된 식 세우기
↓
어떤 수 구하기
↓
바르게 계산한 값 구하기

어떤 수만 구하고 멈추면 안 되겠죠? 바르게 계산한 값까지 구해야 해요.

② $\frac{3}{4}$을 어떤 수로 나누어야 할 것을 잘못하여 곱했더니 9가 되었습니다. 바르게 계산한 값은 얼마일까요?

잘못된 식 $\frac{3}{4} \times \square = 9$

바른 식 $\frac{3}{4} \div 12 = \frac{1}{16}$

답 $\frac{1}{16}$

잘못된 식: $\frac{3}{4} \times \square = 9$, $9 \div \frac{3}{4} = \square$,
$\square = 12$
바른 식: $\frac{3}{4} \div 12 = \frac{1}{16}$

③ 어떤 수에 $2\frac{2}{3}$을 곱해야 할 것을 잘못하여 나누었더니 $\frac{1}{16}$이 되었습니다. 바르게 계산한 값은 얼마일까요?

잘못된 식 $\square \div 2\frac{2}{3} = \frac{1}{16}$

바른 식 $\frac{1}{6} \times 2\frac{2}{3} = \frac{4}{9}$

답 $\frac{4}{9}$

잘못된 식: $\square \div 2\frac{2}{3} = \frac{1}{16}$, $2\frac{2}{3} \times \frac{1}{16} = \square, \square = \frac{1}{6}$
바른 식: $\frac{1}{6} \times 2\frac{2}{3} = \frac{4}{9}$

셋째 마당까지 다 풀다니 정말 멋져요!

18 먼저 >, <를 =로 생각한 다음 혼합 계산식에서 어떤 수를 구해

❁ 42÷7+□<20에서 □ 안에 들어갈 수 있는 가장 큰 자연수 구하기

1단계 < 대신 =로 바꿔서 식을 만족하는 어떤 수를 구합니다.

42÷7+□=20, 6+□=20, 20−6=□ ➡ □=14

계산 순서를 표시한 다음 계산할 수 있는 부분을 먼저 계산해요.

2단계 42÷7+□<20에서 □ 안의 수와 14의 크기를 비교합니다.

42÷7+□가 20보다 작아야 하므로
□ 안에 들어갈 수 있는 수는 14보다 작아야 합니다.

➡ □ 안에 들어갈 수 있는 가장 큰 자연수: 13 ◁14−1

❁ 30−4×□<18에서 □ 안에 들어갈 수 있는 가장 작은 자연수 구하기

1단계 < 대신 =로 바꿔서 식을 만족하는 어떤 수를 구합니다.

30−4×□=18, 30−18=4×□, 4×□=12, 12÷4=□

4×□를 한 덩어리로 생각해 봐요.

➡ □=3

2단계 30−4×□<18에서 □ 안의 수와 3의 크기를 비교합니다.

30−4×□가 18보다 작아야 하므로
□ 안에 들어갈 수 있는 수는 3보다 커야 합니다.

빼는 수가 클수록 값이 작아져요.

➡ □ 안에 들어갈 수 있는 가장 작은 자연수: 4 ◁3+1

A

2×3+●=10 ➡ ●=4
2×3+●<10 ➡ ●<4
2×3+●>10 ➡ ●>4

>, <를 =로 바꾼 식을 만족하는 어떤 수를 구한 다음 어떤 수보다 큰 또는 작은 수를 찾으면 돼요.

❁ □ 안에 들어갈 수 있는 수를 모두 찾아 ○표 하세요.

① 10−3+□<11

10−3+□＝11 ➡ □＝4
10−3+□< 11 ➡ □<4

① ② ③ 4 5

10−3+□=11이라고 하면
7+□=11, 11−7=□, □=4
10−3+□<11에서 □ 안의 수는 4보다 작아야 하므로 1, 2, 3

② 24÷3×□>56

5 6 7 ⑧ ⑨

24÷3×□=56이라고 하면
8×□=56, 56÷8=□, □=7
24÷3×□>56에서
□ 안의 수는 7보다 커야 하므로 8, 9

③ 7+□×6<55

⑥ ⑦ 8 9 10

7+□×6=55라고 하면 55−7=□×6,
□×6=48, 48÷6=□, □=8
7+□×6<55에서
□ 안의 수는 8보다 작아야 하므로 6, 7

④ □−70÷14>18

21 22 23 ㉔ ㉕

⑤ 5×□+9<64

⑧ ⑨ ⑩ 11 12

⑥ 80−9×□>17

④ ⑤ ⑥ 7 8

9×□ 앞에 뺄셈 기호가 있으니까
□ 안의 수가 작을수록
80−9×□의 값이 커져요.

B

●보다 작은 수 중에서 가장 큰 자연수는 ●보다 1만큼 작은 수예요.
3보다 작은 수 중에서 가장 큰 자연수 ➡ 3−1=2

❁ □ 안에 들어갈 수 있는 가장 큰 자연수를 구하세요.

① 14−5+□<12

➡ 2

먼저 >, <를 =로 바꿔 생각하는 게 핵심이에요.

14−5+□=12라고 하면 9+□=12, 12−9=□, □=3
14−5+□<12에서 □ 안의 수는 3보다 작아야 하므로
가장 큰 자연수는 2

② 30÷15×□<28

➡ 13

30÷15×□=28이라고 하면
2×□=28, 28÷2=□, □=14
30÷15×□<28에서
□ 안의 수는 14보다 작아야 하므로
가장 큰 자연수는 13

③ 26+14−□>27

➡ 12

26+14−□=27이라고 하면
40−□=27, 40−27=□, □=13
26+14−□>27에서
□ 안의 수는 13보다 작아야 하므로
가장 큰 자연수는 12

빼는 수가 작을수록 값이 커져요.

④ 18+□×3<72

➡ 17

⑤ □+80÷16<31

➡ 25

⑥ 39+34−□>58

➡ 14

⑦ 70−□×8>14

➡ 6

C

●보다 큰 수 중에서 가장 작은 자연수는 ●보다 1만큼 큰 수예요.
6보다 큰 수 중에서 가장 작은 자연수 ➡ 6+1=7

❁ □ 안에 들어갈 수 있는 가장 작은 자연수를 구하세요.

① 25−8+□>23

➡ 7

25−8+□=23이라고 하면
17+□=23, 23−17=□, □=6
25−8+□>23에서
□ 안의 수는 6보다 커야 하므로
가장 작은 자연수는 7

② □+14×3>50

➡ 9

□+14×3=50이라고 하면
□+42=50, 50−42=□, □=8
□+14×3>50에서
□ 안의 수는 8보다 커야 하므로
가장 작은 자연수는 9

③ 60÷12×□>25

➡ 6

60÷12×□=25라고 하면
5×□=25, 25÷5=□, □=5
60÷12×□>25에서
□ 안의 수는 5보다 커야 하므로
가장 작은 자연수는 6

④ 9×3−□<18

➡ 10

9×3−□=18이라고 하면
27−□=18, 27−18=□, □=9
9×3−□<18에서
□ 안의 수는 9보다 커야 하므로
가장 작은 자연수는 10

빼는 수가 클수록 값이 작아져요.

⑤ □+52÷4>21

➡ 9

⑥ 27+36−□<29

➡ 35

⑦ 18+3×□>57

➡ 14

⑧ 90−□×4<26

➡ 17

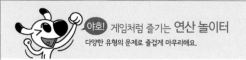

다양한 유형의 문제로 즐겁게 마무리해요.

🐾 ☐ 안에 들어갈 수 있는 수가 적힌 풍선을 모두 찾아 ×표 하세요.

$42 \div 6 \times \square < 56$

$5 \times 4 - \square < 9$

19 먼저 >, <를 =로 생각한 다음 덧셈과 뺄셈의 관계를 이용해

✿ $\dfrac{\square}{8} + \dfrac{1}{4} < \dfrac{7}{8}$ 에서 ☐ 안에 들어갈 수 있는 가장 큰 자연수 구하기

1단계 < 대신 =로 바꿔서 식을 만족하는 어떤 수를 구합니다.

$$\dfrac{\square}{8} + \dfrac{1}{4} = \dfrac{7}{8}, \quad \dfrac{7}{8} - \dfrac{1}{4} = \dfrac{\square}{8}, \quad \dfrac{7}{8} - \dfrac{2}{8} = \dfrac{\square}{8}, \quad \dfrac{\square}{8} = \dfrac{5}{8} \Rightarrow \square = 5$$

최소공배수: 8   분모를 통분해요.

2단계 $\dfrac{\square}{8} + \dfrac{1}{4} < \dfrac{7}{8}$ 에서 ☐ 안의 수와 5의 크기를 비교합니다.

$\dfrac{\square}{8} + \dfrac{1}{4}$ 이 $\dfrac{7}{8}$ 보다 작아야 하므로

☐ 안에 들어갈 수 있는 수는 5보다 작아야 합니다.

➡ ☐ 안에 들어갈 수 있는 가장 큰 자연수: 4 < 5-1

✿ $6.52 - \square < 3.37$ 에서 ☐ 안에 들어갈 수 있는 가장 작은 자연수 구하기

1단계 < 대신 =로 바꿔서 식을 만족하는 어떤 수를 구합니다.

$6.52 - \square = 3.37$, $6.52 - 3.37 = \square \Rightarrow \square = 3.15$

2단계 $6.52 - \square < 3.37$ 에서 ☐ 안의 수와 3.15의 크기를 비교합니다.

$6.52 - \square$ 가 3.37보다 작아야 하므로

☐ 안에 들어갈 수 있는 수는 3.15보다 커야 합니다.

빼는 수가 클수록 값이 작아져요.

➡ ☐ 안에 들어갈 수 있는 가장 작은 자연수: 4

 A
>, <를 =로 바꾼 식을 만족하는 어떤 수를 구한 다음 어떤 수보다 큰 수 또는 작은 수를 찾으면 돼요.

 B
☐가 있는 분수를 한 덩어리라고 생각하고 덧셈과 뺄셈의 관계를 이용하면 ☐의 값을 구할 수 있어요.

🐾 ☐ 안에 들어갈 수 있는 수를 모두 찾아 ○표 하세요.

❶ $\dfrac{\square}{9} + \dfrac{1}{3} < \dfrac{8}{9}$

$\dfrac{\square}{9} + \dfrac{1}{3} = \dfrac{8}{9}$ 이라 하고 식을 만족하는 수를 먼저 구해 봐요.

① ② ③ ④ 5 6 7 8 9

$\dfrac{\square}{9} + \dfrac{1}{3} = \dfrac{8}{9}$ 이라고 하면 $\dfrac{8}{9} - \dfrac{1}{3} = \dfrac{\square}{9}$, ☐=5
$\dfrac{\square}{9} + \dfrac{1}{3} < \dfrac{8}{9}$ 에서 ☐ 안의 수는 5보다 작아야 하므로 1, 2, 3, 4

❷ $\dfrac{\square}{12} - \dfrac{1}{2} > \dfrac{1}{12}$

1 2 3 4 5 6 7 ⑧ ⑨

$\dfrac{\square}{12} - \dfrac{1}{2} = \dfrac{1}{12}$ 이라고 하면 $\dfrac{1}{12} + \dfrac{1}{2} = \dfrac{\square}{12}$, ☐=7
$\dfrac{\square}{12} - \dfrac{1}{2} > \dfrac{1}{12}$ 에서 ☐ 안의 수는 7보다 커야 하므로 8, 9

❸ $\dfrac{3}{5} + \dfrac{\square}{15} > \dfrac{14}{15}$

1 2 3 4 5 ⑥ ⑦ ⑧ ⑨

❹ $29.5 - \square > 25.6$

① ② ③ 4 5 6 7 8 9

앞에 뺄셈 기호가 있으니까 ☐ 안의 수가 작을수록 29.5-☐의 값이 커져요.

🐾 ☐ 안에 들어갈 수 있는 가장 큰 자연수를 구하세요.

❶ $\dfrac{\square}{6} + \dfrac{1}{3} < \dfrac{5}{6}$

➡ 2

$\dfrac{\square}{6} + \dfrac{1}{3} = \dfrac{5}{6}$ 라고 하면 $\dfrac{5}{6} - \dfrac{1}{3} = \dfrac{\square}{6}$, ☐=3
$\dfrac{\square}{6} + \dfrac{1}{3} < \dfrac{5}{6}$ 에서 ☐ 안의 수는 3보다 작아야 하므로 가장 큰 자연수는 2

$\dfrac{\square}{5} + \dfrac{1}{5} = \dfrac{4}{5} \Rightarrow \square = 3$
$\dfrac{\square}{5} + \dfrac{1}{5} < \dfrac{4}{5} \Rightarrow \square < 3$

❷ $\dfrac{1}{5} + \dfrac{\square}{10} < \dfrac{9}{10}$

➡ 6

$\dfrac{1}{5} + \dfrac{\square}{10} = \dfrac{9}{10}$ 라고 하면 $\dfrac{9}{10} - \dfrac{1}{5} = \dfrac{\square}{10}$, ☐=7
$\dfrac{1}{5} + \dfrac{\square}{10} < \dfrac{9}{10}$ 에서 ☐ 안의 수는 7보다 작아야 하므로 가장 큰 자연수는 6

❸ $\dfrac{\square}{12} - \dfrac{1}{4} < \dfrac{2}{3}$

➡ 10

$\dfrac{\square}{12} - \dfrac{1}{4} = \dfrac{2}{3}$ 라고 하면 $\dfrac{2}{3} + \dfrac{1}{4} = \dfrac{\square}{12}$, ☐=11
$\dfrac{\square}{12} - \dfrac{1}{4} < \dfrac{2}{3}$ 에서 ☐ 안의 수는 11보다 작아야 하므로 가장 큰 자연수는 10

❹ $\dfrac{\square}{4} + \dfrac{1}{2} < 1\dfrac{3}{4}$

➡ 4

❺ $\dfrac{7}{8} - \dfrac{\square}{16} > \dfrac{1}{2}$

빼는 수가 작을수록 값이 커져요.

➡ 5

❻ $35.4 + \square < 40.6$

➡ 5

❼ $5.28 - \square > 1.72$

➡ 3

분수를 통분할 때 분모의 최소공배수를 공통분모로 하면 계산이 간단해져요.

 야호! 게임처럼 즐기는 **연산 놀이터**
다양한 유형의 문제로 즐겁게 마무리해요.

🐾 ☐ 안에 들어갈 수 있는 가장 작은 자연수를 구하세요.

❶ $\dfrac{☐}{12} + \dfrac{1}{6} > \dfrac{7}{12}$

➡ 6

$\dfrac{☐}{12} + \dfrac{1}{6} = \dfrac{7}{12}$ 이라고 하면 $\dfrac{7}{12} - \dfrac{1}{6} = \dfrac{☐}{12}$, ☐=5

$\dfrac{☐}{12} + \dfrac{1}{6} > \dfrac{7}{12}$ 에서 ☐ 안의 수는 5보다 커야 하므로 가장 작은 자연수는 6

❷ $\dfrac{☐}{10} - \dfrac{1}{2} > \dfrac{3}{10}$

➡ 9

$\dfrac{☐}{10} - \dfrac{1}{2} = \dfrac{3}{10}$ 이라고 하면 $\dfrac{3}{10} + \dfrac{1}{2} = \dfrac{☐}{10}$, ☐=8

$\dfrac{☐}{10} - \dfrac{1}{2} > \dfrac{3}{10}$ 에서 ☐ 안의 수는 8보다 커야 하므로 가장 작은 자연수는 9

❸ $\dfrac{1}{2} + \dfrac{☐}{6} > \dfrac{2}{3}$

➡ 2

$\dfrac{1}{2} + \dfrac{☐}{6} = \dfrac{2}{3}$ 라고 하면 $\dfrac{2}{3} - \dfrac{1}{2} = \dfrac{☐}{6}$, ☐=1

$\dfrac{1}{2} + \dfrac{☐}{6} > \dfrac{2}{3}$ 에서 ☐ 안의 수는 1보다 커야 하므로 가장 작은 자연수는 2

❹ $\dfrac{3}{4} - \dfrac{☐}{8} < \dfrac{1}{2}$ 빼는 수가 클수록 값이 작아져요.

➡ 3

$\dfrac{3}{4} - \dfrac{☐}{8} = \dfrac{1}{2}$ 이라고 하면 $\dfrac{3}{4} - \dfrac{1}{2} = \dfrac{☐}{8}$, ☐=2

$\dfrac{3}{4} - \dfrac{☐}{8} < \dfrac{1}{2}$ 에서 ☐ 안의 수는 2보다 커야 하므로 가장 작은 자연수는 3

❺ $\dfrac{☐}{20} + \dfrac{2}{5} > 1\dfrac{1}{10}$

➡ 15

❻ $\dfrac{☐}{15} - \dfrac{1}{3} > \dfrac{2}{5}$

➡ 12

❼ $25.7 + ☐ > 42.6$

➡ 17

❽ $7.15 - ☐ < 3.81$

➡ 4

🐾 ☐ 안에 들어갈 수 있는 수를 모두 찾아 〇표 하세요.

$\dfrac{1}{4} + \dfrac{☐}{12} < \dfrac{7}{12}$

② ③
4 ⑤ 6
7 8

$\dfrac{1}{4} + \dfrac{☐}{12} = \dfrac{7}{12}$ 이라고 하면
$\dfrac{7}{12} - \dfrac{1}{4} = \dfrac{☐}{12}$, ☐=4

$\dfrac{1}{4} + \dfrac{☐}{12} < \dfrac{7}{12}$ 에서 ☐ 안의 수는
4보다 작아야 하므로 2, 3

$\dfrac{☐}{8} + \dfrac{1}{2} > 1\dfrac{1}{8}$

2 3
4 5 ⑥
⑦ ⑧

$\dfrac{☐}{8} + \dfrac{1}{2} = 1\dfrac{1}{8}$ 이라고 하면
$1\dfrac{1}{8} - \dfrac{1}{2} = \dfrac{☐}{8}$, ☐=5

$\dfrac{☐}{8} + \dfrac{1}{2} > 1\dfrac{1}{8}$ 에서 ☐ 안의 수는
5보다 커야 하므로 6, 7, 8

$\dfrac{2}{3} - \dfrac{☐}{15} > \dfrac{1}{5}$

④ ⑤
⑥ 7 8
9 10

$\dfrac{2}{3} - \dfrac{☐}{15} = \dfrac{1}{5}$ 이라고 하면
$\dfrac{2}{3} - \dfrac{1}{5} = \dfrac{☐}{15}$, ☐=7

$\dfrac{2}{3} - \dfrac{☐}{15} > \dfrac{1}{5}$ 에서 ☐ 안의 수는
7보다 작아야 하므로 4, 5, 6

$☐ - 3.52 > 1.74$

2 3
4 5 ⑥
⑦ ⑧

$☐ - 3.52 = 1.74$ 라고 하면
$1.74 + 3.52 = ☐$, ☐=5.26
$☐ - 3.52 > 1.74$ 에서 ☐ 안의 수는
5.26보다 커야 하므로 6, 7, 8

20 먼저 >, <를 =로 생각한 다음
곱셈과 나눗셈의 관계를 이용해

✿ $☐ \div \dfrac{3}{4} < 6$ 에서 ☐ 안에 들어갈 수 있는 가장 큰 자연수 구하기

1단계 < 대신 =로 바꿔서 식을 만족하는 어떤 수를 구합니다.

$☐ \div \dfrac{3}{4} = 6$, $\overset{3}{6} \times \dfrac{3}{\underset{2}{4}} = ☐$ ➡ $☐ = \dfrac{9}{2} = 4\dfrac{1}{2}$

2단계 $☐ \div \dfrac{3}{4} < 6$ 에서 ☐ 안의 수와 $4\dfrac{1}{2}$ 의 크기를 비교합니다.

$☐ \div \dfrac{3}{4}$ 이 6보다 작아야 하므로
☐ 안에 들어갈 수 있는 수는 $4\dfrac{1}{2}$ 보다 작아야 합니다.

➡ ☐ 안에 들어갈 수 있는 가장 큰 자연수: 4

✿ $\dfrac{2}{5} \times ☐ > 4$ 에서 ☐ 안에 들어갈 수 있는 가장 작은 자연수 구하기

1단계 > 대신 =로 바꿔서 식을 만족하는 어떤 수를 구합니다.

$\dfrac{2}{5} \times ☐ = 4$, $4 \div \dfrac{2}{5} = ☐$, $\overset{2}{4} \times \dfrac{5}{\underset{}{2}} = ☐$ ➡ $☐ = 10$

2단계 $\dfrac{2}{5} \times ☐ > 4$ 에서 ☐ 안의 수와 10의 크기를 비교합니다.

$\dfrac{2}{5} \times ☐$ 가 4보다 커야 하므로
☐ 안에 들어갈 수 있는 수는 10보다 커야 합니다.

➡ ☐ 안에 들어갈 수 있는 가장 작은 자연수: 11

🐾 ☐ 안에 들어갈 수 있는 수를 모두 찾아 〇표 하세요.

❶ $☐ \div 9 > \dfrac{2}{3}$

☐÷9=$\dfrac{2}{3}$ 라고 하고 식을 만족하는 수를 먼저 구해 봐요.

4 5 6 ⑦ ⑧

$☐ \div 9 = \dfrac{2}{3}$ 라고 하면 $9 \times \dfrac{2}{3} = ☐$, ☐=6

$☐ \div 9 > \dfrac{2}{3}$ 에서 ☐ 안의 수는 6보다 커야 하므로 7, 8

❷ $\dfrac{4}{5} \times ☐ < 6$

⑤ ⑥ ⑦ 8 9

$\dfrac{4}{5} \times ☐ = 6$ 이라고 하면
$6 \div \dfrac{4}{5} = ☐$, $6 \times \dfrac{5}{4} = ☐$, ☐=$7\dfrac{1}{2}$

$\dfrac{4}{5} \times ☐ < 6$ 에서 ☐ 안의 수는 $7\dfrac{1}{2}$ 보다
작아야 하므로 5, 6, 7

❸ $☐ \times \dfrac{3}{8} > \dfrac{6}{7}$

1 2 ③ ④ ⑤

$☐ \times \dfrac{3}{8} = \dfrac{6}{7}$ 이라고 하면
$\dfrac{6}{7} \div \dfrac{3}{8} = ☐$, $\dfrac{6}{7} \times \dfrac{8}{3} = ☐$, ☐=$2\dfrac{2}{7}$

$☐ \times \dfrac{3}{8} > \dfrac{6}{7}$ 에서 ☐ 안의 수는 $2\dfrac{2}{7}$ 보다
커야 하므로 3, 4, 5

❹ $☐ \div 1\dfrac{1}{3} > 15$

18 19 20 ㉑ ㉒

❺ $10 \div ☐ > \dfrac{5}{6}$ 나누는 수가 작을수록 값이 커져요.

⑩ ⑪ 12 13 14

> B 곱하는 수가 클수록, 나누는 수가 작을수록 값이 커져요.

😺 ☐ 안에 들어갈 수 있는 가장 큰 자연수를 구하세요.

❶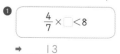
$$\frac{4}{7} \times \square < 8$$
→ 13

$\frac{4}{7} \times \square = 8$이라고 하면
$8 \div \frac{4}{7} = \square$, $8 \times \frac{7}{4} = \square$, $\square = 14$
$\frac{4}{7} \times \square < 8$에서 ☐ 안의 수는 14보다
작아야 하므로 가장 큰 자연수는 13

❷
$$\square \div 6 < \frac{8}{9}$$
→ 5

$\square \div 6 = \frac{8}{9}$이라고 하면
$6 \times \frac{8}{9} = \square$, $\square = 5\frac{1}{3}$
$\square \div 6 < \frac{8}{9}$에서 ☐ 안의 수는 $5\frac{1}{3}$보다
작아야 하므로 가장 큰 자연수는 5

❸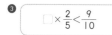
$$\square \times \frac{2}{5} < \frac{9}{10}$$
→ 2

$\square \times \frac{2}{5} = \frac{9}{10}$라고 하면
$\frac{9}{10} \div \frac{2}{5} = \square$, $\frac{9}{10} \times \frac{5}{2} = \square$, $\square = 2\frac{1}{4}$
$\square \times \frac{2}{5} < \frac{9}{10}$에서 ☐ 안의 수는 $2\frac{1}{4}$보다
작아야 하므로 가장 큰 자연수는 2

❹
$$12 \div \square > \frac{3}{4}$$ 나누는 수가 작을수록 값이 커져요.
→ 15

$12 \div \square = \frac{3}{4}$이라고 하면
$12 \div \frac{3}{4} = \square$, $12 \times \frac{4}{3} = \square$, $\square = 16$
$12 \div \square > \frac{3}{4}$에서 ☐ 안의 수는 16보다
작아야 하므로 가장 큰 자연수는 15

❺
$$\frac{5}{12} \times \square < 1\frac{2}{3}$$
→ 3

❻
$$16 \div \square > \frac{4}{5}$$
→ 19

> C 곱하는 수가 작을수록, 나누는 수가 클수록 값이 작아져요.

😺 ☐ 안에 들어갈 수 있는 가장 작은 자연수를 구하세요.

❶
$$\frac{5}{6} \times \square > 15$$
→ 19

$\frac{5}{6} \times \square = 15$라고 하면
$15 \div \frac{5}{6} = \square$, $15 \times \frac{6}{5} = \square$, $\square = 18$
$\frac{5}{6} \times \square > 15$에서 ☐ 안의 수는 18보다
커야 하므로 가장 작은 자연수는 19

❷
$$\square \div \frac{7}{8} > 12$$
→ 11

$\square \div \frac{7}{8} = 12$라고 하면
$\frac{7}{8} \times 12 = \square$, $\square = 10\frac{1}{2}$
$\square \div \frac{7}{8} > 12$에서 ☐ 안의 수는 $10\frac{1}{2}$보다
커야 하므로 가장 작은 자연수는 11

❸
$$\square \times \frac{1}{6} > \frac{3}{4}$$
→ 5

$\square \times \frac{1}{6} = \frac{3}{4}$이라고 하면
$\frac{3}{4} \div \frac{1}{6} = \square$, $\frac{3}{4} \times 6 = \square$, $\square = 4\frac{1}{2}$
$\square \times \frac{1}{6} > \frac{3}{4}$에서 ☐ 안의 수는 $4\frac{1}{2}$보다
커야 하므로 가장 작은 자연수는 5

❹
$$8 \div \square < \frac{2}{3}$$ 나누는 수가 클수록 값이 작아져요.
→ 13

$8 \div \square = \frac{2}{3}$라고 하면
$8 \div \frac{2}{3} = \square$, $8 \times \frac{3}{2} = \square$, $\square = 12$
$8 \div \square < \frac{2}{3}$에서 ☐ 안의 수는 12보다
커야 하므로 가장 작은 자연수는 13

❺
$$\frac{9}{10} \times \square > 2\frac{2}{5}$$
→ 3

❻
$$20 \div \square < \frac{5}{7}$$
→ 29

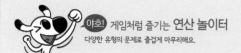

야호! 게임처럼 즐기는 연산 놀이터
다양한 유형의 문제로 즐겁게 마무리해요.

😺 ☐ 안에 들어갈 수 있는 수를 모두 찾아 ◯표 하세요.

$$\square \div 6 > \frac{7}{8}$$

1 2
3 4 5
⑥ ⑦

$\square \div 6 = \frac{7}{8}$이라고 하면
$6 \times \frac{7}{8} = \square$, $\square = 5\frac{1}{4}$
$\square \div 6 > \frac{7}{8}$에서 ☐ 안의 수는
$5\frac{1}{4}$보다 커야 하므로 6, 7

$$\frac{5}{6} \times \square < 10$$

⑨ ⑩
⑪ 12 13
14 15

$\frac{5}{6} \times \square = 10$이라고 하면
$10 \div \frac{5}{6} = \square$, $10 \times \frac{6}{5} = \square$, $\square = 12$
$\frac{5}{6} \times \square < 10$에서 ☐ 안의 수는
12보다 작아야 하므로 9, 10, 11

$$\square \times \frac{2}{11} > \frac{8}{9}$$

1 2
3 4 ⑤
⑥ ⑦

$\square \times \frac{2}{11} = \frac{8}{9}$이라고 하면
$\frac{8}{9} \div \frac{2}{11} = \square$, $\frac{8}{9} \times \frac{11}{2} = \square$, $\square = 4\frac{8}{9}$
$\square \times \frac{2}{11} > \frac{8}{9}$에서 ☐ 안의 수는
$4\frac{8}{9}$보다 커야 하므로 5, 6, 7

$$18 \div \square > \frac{6}{7}$$

⑱ ⑲
⑳ 21 22
23 24

$18 \div \square = \frac{6}{7}$이라고 하면
$18 \div \frac{6}{7} = \square$, $18 \times \frac{7}{6} = \square$, $\square = 21$
$18 \div \square > \frac{6}{7}$에서 ☐ 안의 수는
21보다 작아야 하므로 18, 19, 20

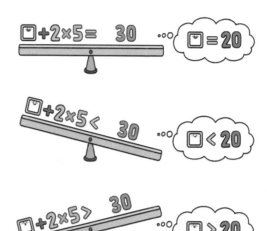

$$\square + 2 \times 5 = 30 \quad \cdots \square = 20$$

$$\square + 2 \times 5 < 30 \quad \cdots \square < 20$$

$$\square + 2 \times 5 > 30 \quad \cdots \square > 20$$

5·6학년 방정식 훈련 끝!
여기까지 온 바빠 친구들!
정말 대단해요~!

1-2
단계
——
1~2
학년

3-4
단계
——
3~4
학년

5-6
단계
——
5~6
학년

비문학 지문도 재미있게 읽을 수 있어요!
바빠 독해 1~6단계

각 권 9,800원

- **초등학생이 직접 고른 재미있는 이야기들!**
  - 연구소의 어린이가 읽고 싶어 한 흥미로운 이야기만 골라 담았어요.
  - 1단계 | 이솝우화, 과학 상식, 전래동화, 사회 상식
  - 2단계 | 이솝우화, 과학 상식, 전래동화, 사회 상식
  - 3단계 | 탈무드, 교과 과학, 생활문, 교과 사회
  - 4단계 | 속담 동화, 교과 과학, 생활문, 교과 사회
  - 5단계 | 고사성어, 교과 과학, 생활문, 교과 사회
  - 6단계 | 고사성어, 교과 과학, 생활문, 교과 사회

- **읽다 보면 나도 모르게 교과 지식이 쑥쑥!**
  - 다채로운 주제를 읽다 보면 초등 교과 지식이 쌓이도록 설계!
  - 초등 교과서(국어, 사회, 과학)와 100% 밀착 연계돼 학교 공부에도 직접 도움이 돼요.

- **분당 영재사랑 연구소 지도 비법 대공개!**
  - 종합력, 이해력, 추론 능력, 분석력, 사고력, 문법까지 한 번에 OK!
  - 초등학생 눈높이에 맞춘 수능형 문항을 담았어요!

- **초등학교 방과 후 교재로 인기!**
  - 아이들의 눈을 번쩍 뜨게 할 만한 호기심 넘치는 재미있고 유익한 교재!
  (남상 초등학교 방과 후 교사, 동화작가 강민숙 선생님 추천)

16년간 어린이들을 밀착 지도한 호사라 박사의 독해력 처방전!

영재 교육 선생님들의 선생님!
호사라 박사

"초등학생 취향 저격! 집에서도 모든 어린이가 쉽게
문해력을 키울 수 있는 즐거운 활동을 선별했어요!"

★ 서울대학교 교육학 학사 및 석사
★ 버지니아 대학교(University of Virginia) 영재 교육학 박사

분당에 영재사랑 교육연구소를 설립하여 유년기(6세~13세) 영재들을 위한 논술,
수리, 탐구 프로그램을 16년째 직접 개발하며 수업을 진행하고 있어요.

바빠쌤이 알려 주는 '바빠 영어' 학습 로드맵

'바빠 영어'로 초등 영어 끝내기!

바빠 파닉스 ❶, ❷

바빠 사이트 워드 ❶, ❷

바빠 영단어 Starter ❶, ❷

영어동화 100편

바빠 3·4 영단어

바빠 3·4 영문법 ❶, ❷

바빠 5·6 영단어

바빠 5·6 영문법 ❶, ❷

바빠 5·6 영어 시제

바빠 5·6 영작문

※ '바빠 공부단 카페(cafe.naver.com/easyispub)'에서 바빠 영어 시리즈의 학습 자료와 지도 팁을 확인하세요!

바빠 교과서 연산 (전 12권)

★ ★ ★ ★
가장 쉬운 교과 연계용 수학책

이번 학기 필요한 연산만 모아 계산 속도가 빨라진다!

학교 진도 맞춤 연산

이번 학기 필요한 연산만 모아 계산 속도가 빨라져요!

학기별 계산력 강화 프로그램

바쁜 6학년을 위한 **빠른 교과서 연산**

수학 전문학원의 연산 꿀팁으로 계산이 빨라져요!

국내 유일! 초등·개정 교과서 필수 수록 **6-1학기**

⏱ 5분 공부해도 15분 공부한 효과!
• 친구들이 자주 틀린 연산을 모아 푸는 게 비법!
• 스스로 집중하는 목표 시계의 놀라운 효과!

1~6학년 학기별 전 12권 | 각 권 9,000원

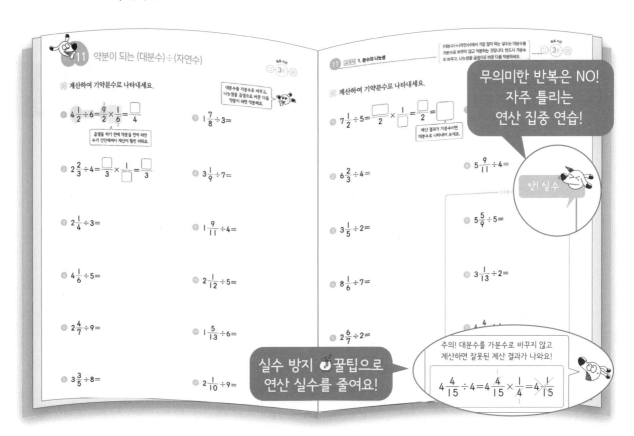

무의미한 반복은 NO! 자주 틀리는 연산 집중 연습!

실수 방지 🦴 꿀팁으로 연산 실수를 줄여요!

🐕 강남, 목동, 일산의 수학학원 원장님들의 연산 꿀팁이 담겨 있어 계산 요령이 생겨요~

나 혼자 푼다! 수학 문장제 (전 12권)

바쁜 초등학생을 위한 빠른 학습법 – 서술형 기본서

나 혼자 푼다! 수학 문장제 초등 5-1

새 교육과정 완벽 반영!
1학기 교과서 순서와 똑같아 공부하기 좋아요!

• 막막하지 않아요! 빈칸을 채우면 저절로 완성!
• 주관식부터 서술형까지, 학교 시험 걱정 해결!

1~6학년용 학기별 전 12권 | 각 권 9,000원~9,800원

★ ★ ★
학교 시험 서술형 완벽 대비

빈칸 을 채우면 풀이와 답이 완성된다!

새 교육과정 완벽 반영!

교과서 순서와 똑같아 공부하기 좋아요!

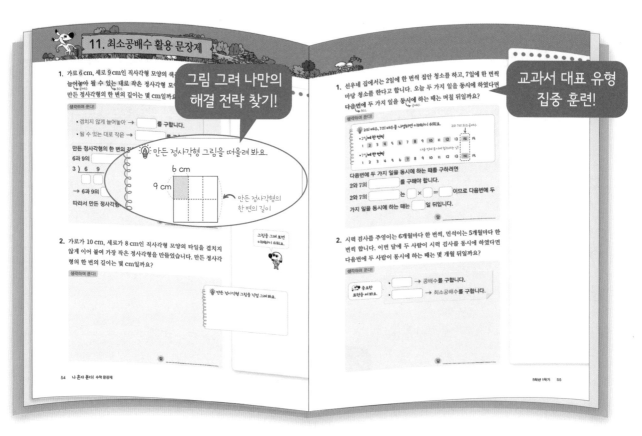

그림 그려 나만의 해결 전략 찾기!

교과서 대표 유형 집중 훈련!

3·4학년

덧셈　　뺄셈　　곱셈　　나눗셈　　분수　　방정식

5·6학년

곱셈　　나눗셈　　분수　　소수　　방정식

중학연결

약수와 배수　　자연수의 혼합 계산　　확률과 통계　　비와 비례　　분수와 소수의 혼합 계산

도형계산

평면도형 계산　　입체도형 계산

내가 어려운 영역만 골라 빠르게 보충!

 같은 영역끼리 모아 연습하면 개념을 스스로 이해하고 정리할 수 있습니다!
– 초등 교과서 집필진, 김진호 교수

초등 방정식을 한 권으로 끝낸다!
10일 완성! 연산력 강화 프로그램

바쁜 5·6학년을 위한 빠른 방정식

알찬 교육 정보도 만나고 출판사 이벤트에도 참여하세요!

1. 바빠 공부단 카페
cafe.naver.com/easyispub

'바빠 공부단'에 가입해 공부하면 좋아요! '바빠 공부단'에 참여하면 국어, 영어, 수학 담당 바빠쌤의 지도와 격려를 받을 수 있어요.

2. 인스타그램 + 카카오 채널
@easys_edu   이지스에듀 검색!

'이지스에듀' 인스타그램을 팔로우하세요! 바빠 시리즈 출간 소식과 출판사 이벤트, 구매 혜택을 가장 먼저 알려 드려요!

바쁜 친구들이 즐거워지는 **빠른** 학습서

영역별 연산책 바빠 연산법	**바빠 국어/ 급수한자**	**바빠 영어**
방학 때나 학습 결손이 생겼을 때~	초등 교과서 필수 어휘와 문해력 완성!	우리 집, 방학 특강 교재로 인기 최고!

· 바쁜 1·2학년을 위한 빠른 **덧셈**
· 바쁜 1·2학년을 위한 빠른 **뺄셈**
· 바쁜 초등학생을 위한 빠른 **구구단**
· 바쁜 초등학생을 위한
　빠른 **시계와 시간**

· 바쁜 초등학생을 위한
　빠른 **길이와 시간 계산**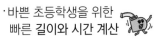
· 바쁜 3·4학년을 위한 빠른 **덧셈**
· 바쁜 3·4학년을 위한 빠른 **뺄셈**
· 바쁜 3·4학년을 위한 빠른 **분수**
· 바쁜 3·4학년을 위한 빠른 **곱셈**
· 바쁜 3·4학년을 위한 빠른 **나눗셈**
· 바쁜 3·4학년을 위한 빠른 **방정식**

· 바쁜 초등학생을 위한
　빠른 **약수와 배수, 평면도형 계산,
　입체도형 계산, 자연수의 혼합 계산,
　분수와 소수의 혼합 계산, 비와 비례,
　확률과 통계**
· 바쁜 5·6학년을 위한 빠른 **곱셈**
· 바쁜 5·6학년을 위한 빠른 **나눗셈**
· 바쁜 5·6학년을 위한 빠른 **분수**
· 바쁜 5·6학년을 위한 빠른 **소수**
· 바쁜 5·6학년을 위한 빠른 **방정식**

· 바쁜 초등학생을 위한 빠른 **맞춤법 1**
· 바쁜 초등학생을 위한 빠른 **급수한자 8급**
· 바쁜 초등학생을 위한 빠른 **독해 1, 2**

· 바쁜 초등학생을 위한 빠른 **독해 3, 4**
· 바쁜 초등학생을 위한 빠른 **맞춤법 2**
· 바쁜 초등학생을 위한
　빠른 **급수한자 7급 1, 2**

· 바쁜 초등학생을 위한
　빠른 **급수한자 6급 1, 2, 3**
· 보일락 말락~ 바빠 급수한자판
　+ 6·7·8급 모의시험

· 바쁜 초등학생을 위한 빠른 **독해 5, 6**

재미있게 읽다 보면
나도 모르게
교과 지식까지 쑥쑥!

· 바쁜 초등학생을 위한
　빠른 **영단어 스타터 1, 2**
· 바쁜 초등학생을 위한
　빠른 **사이트 워드 1, 2**
· 바쁜 초등학생을 위한
　빠른 **파닉스 1, 2**

· 바쁜 3·4학년을 위한 빠른 **영단어**
· 바쁜 3·4학년을 위한
　빠른 **영문법 1, 2**

같은 시간을
공부해도
효과 극대화!

· 바쁜 5·6학년을 위한 빠른 **영단어**
· 바쁜 5·6학년을 위한
　빠른 **영문법 1, 2**
· 바쁜 5·6학년을 위한
　빠른 영어특강 - **영어 시제** 편
· 바쁜 5·6학년을 위한 빠른 **영작문**

취약한 영역을 보강하는 '바빠' 연산법 **베스트셀러!**

'바쁜 5·6학년을 위한 빠른 분수'

명강사들의 강력 추천!

'바빠 약수와 배수'를 공부한 다음 보면 좋아요!

"영역별로 공부하면 선행할 때도 빨리 이해되고, 복습할 때도 효율적입니다."

연산 총정리!

중학교 입학 전에 끝내야 할 분수 총정리

초등 연산의 완성인 분수 영역이 약하면 중학교 수학을 포기하기 쉽다!
고학년은 몰입해서 10일 안에 분수를 끝내자!

영역별 완성!

고학년은 영역별 연산 훈련이 답이다!

고학년 연산은 분수, 소수 등 영역별로 훈련해야 효과적이다!

탄력적 배치!

고학년은 고학년답게! 효율적인 문제 배치!

쉬운 내용은 압축해서 빠르게, 어려운 문제는 충분히 공부하자!

어려운 문제는 충분히! / 쉬운 내용은 압축!

5·6학년용 '바빠 연산법'

지름길로 가자! 고학년 전용 연산책

| 곱셈 | 나눗셈 | 분수 | 소수 |

• 5, 6학년 연산을 총정리하고 싶다면 곱셈 → 나눗셈 → 분수 → 소수 순서로 풀어 보세요.

• 특정 연산만 어렵다면, 4권 중 내가 어려운 영역만 골라 빠르게 보충하세요.